数字空间
驱动智能建造

耿凌鹏　焦烈焱　张国章　马 扬　杨 彪　左 磊　　著
余志坤　张志平　李书超　孟庆余　史 进

清华大学出版社
北 京

内 容 简 介

面对复杂的内外部环境与百年未有的大变局，个性化制造特征突出又规模巨大的中国建筑业，亟待充分利用数据资源这一生产要素，优化资源配置、推动智能建造，更好地承担国家支柱产业的责任。本书聚焦建筑企业高涨的数字化需求，着力探讨数字化转型背景下的智能建造与数据要素工程化应用。

全书共分3篇，从理念、路径到实践，帮助建筑企业明确智能制造与数字化转型之间的关系，通过建设"数字空间"的体系与方法，梳理智能建造的愿景和核心诉求，以及企业数据管理的核心架构、核心要素和设计原则，形成基于全局数据库、数据资源平台、智慧运营中心的数字思维，解决智能生产、智慧应用等实际问题，具体包括基于数据空间的建筑全产业数字中台、面向全集团的BIM服务中心、装配式构件智能生产、融合中台能力的智慧工地应用、依托中台能力构筑5G智能检测、建设工程材料智能化检测、依托中台能力构筑智慧社区、智慧城市排水设施监测预警系统等内容。

本书既可以作为广大读者全面认知数字化转型与智能建造的知识读本，也可作为企业信息管理人员、企业CIO\CTO\CEO开展智能建造项目的常备工具书，还能为数字化转型研究人员调研智能建造提供参考。

图书在版编目（CIP）数据

数字空间驱动智能建造/耿凌鹏等著. —北京：清华大学出版社，2023.7

ISBN 978-7-302-64017-2

Ⅰ．①数… Ⅱ．①耿… Ⅲ．①智能技术－应用－建筑工程 Ⅳ．①TU-39

中国国家版本馆 CIP 数据核字（2023）第 128181 号

责任编辑：夏毓彦
封面设计：王　翔
责任校对：闫秀华
责任印制：宋　林

出版发行：清华大学出版社
网　　　址：http://www.tup.com.cn，http://www.wqbook.com
地　　　址：北京清华大学学研大厦 A 座　　　邮　　编：100084
社 总 机：010-83470000　　　邮　　购：010-62786544
投稿与读者服务：010-62776969，c-service@tup.tsinghua.edu.cn
质量反馈：010-62772015，zhiliang@tup.tsinghua.edu.cn
印 装 者：三河市铭诚印务有限公司
经　　销：全国新华书店
开　　本：185mm×235mm　　　印　　张：17.5　　　字　　数：420 千字
版　　次：2023 年 8 月第 1 版　　　印　　次：2023 年 8 月第 1 次印刷
定　　价：89.00 元

产品编号：102845-01

序

这是一本探讨数字化转型背景下的智能建造与数据要素工程化应用的书籍。

放眼世界，我们面对的是百年未有的大变局。随着经济全球化、逆全球化、新冠疫情、地缘政治冲突、新技术与创新带来的竞争，复杂的内外部环境变化使数字化转型成为企业的一道必答题，而不是选择题。

农业社会的生产要素是技术、土地和劳动力，生产模式是手工的单件生产；工业社会的生产要素增加了资本、管理和知识，生产模式是批量化的制造；数字化时代，数据资源成为新的生产要素，带来的生产模式是批量化的个性化制造，高效地满足生产、生活的个性化需求。

中国建筑业规模巨大，是国家的支柱产业，但在行业总产值不断扩大的同时，利润总量的增速却在放缓，利润率持续下降。建筑行业是典型的个性化制造，充分利用数据资源这一生产要素，优化资源整合配置、推动企业精细化管理、推动项目精益制造、推动智能建造、实现数字化转型已经成为共识。

智能建造离不开IT的支撑，IT的本源就是利用各种技术处理流程和数据，产生各种不同类型的应用。只不过信息化条件下，IT以管理的流程化为核心，而数字化条件下更强调数据赋能，也称为DT。从本源上来说，信息化是将手工作业用系统替代，记录了整个业务过程，保证了业务过程的规范化；数字化是在此基础上，对过程涉及的物理对象、虚拟对象在计算机空间内建立映射，让大家能够看得见、看得清企业、工程上的人和事，及其演变过程，达到各项工作的全程可见、高度协同，提升服务客户、用户的能力，高效地满足个性化需求，从而提高企业的核心竞争力。

数据无处不在，但杂乱无章的数据就像未经挖掘的金矿，很多企业都遇到不知如何收集、管理数据，收集了数据却又不知如何使用的问题。本书提出了建筑企业建设"数字空间"的体系与方法，探讨、尝试解决以下问题：

（1）智能建造的愿景和核心诉求是什么？

（2）企业数据管理的核心架构、核心要素和设计原则分别是什么？

（3）如何集中管理建筑企业各应用间的共享数据，保证基础数据的一致性？

（4）如何建立企业数据持续利用的机制，让数据"活起来"？

（5）如何利用指标数据建立企业数字思维，并迈出智能建造的步伐？

本 书 内 容

本书共分为3篇，第1篇（第1～3章）为理念篇，第2篇（第4～7章）为路径篇，第3篇（第8～16章）为实践篇。各章详细内容如下：

第1章探讨企业数字化转型的愿景与智能建造的关系，这是一个业务向数字化业务转变的过程，建筑企业应该从操作体验的提升、运营指标的可视、运营效率的提升、商业模式的转变这几个方面推进数字化转型，并以智能建造为抓手实践数字化转型。

第2章探讨建筑企业智能建造之路，包括其背景与目标，以及通过IT架构的转型、建设企业数字空间支撑数字化转型的必要性。

第3章介绍建筑企业"数字空间"的理论基础与核心要素，阐述建筑信息模型BIM的定义特征与发展历程，以及从工具BIM、工程BIM到数据BIM、智慧BIM的演进过程，并概要介绍建筑数字空间的关键技术。

第4章揭示数字空间与数据中台一体两面的本质，并厘清数字空间与数据资产、业务中台等诸多概念之间的区别，提出建设数字空间的"一库、一平台、一中心"的核心架构。

第5章提出以"全局数据库"集中存储各业务共享的数据，包括人、组织、项目等主数据信息和描述物理空间的BIM、CIM，并在不同数据间建立关联、建立数据版本，实现数字孪生（Digital Twin）和数字溯源（Digital Thread）。

第6章阐述"数据资源平台"的实践方法，通过建设一套可持续的"让企业数据用起来"的机制，在"集、联、治、用"实施方法论的指导下，以产品化的思维实现企业内部"投、融、建、管、营"数据与外部生态数据的双融合，不断将原始数据变为资产，为业务赋能提供一站式工具集。

第7章提出"智慧运营中心"的建设思路，通过建立战略、控制、操作各层级的指标体系，从目标结果与过程效率两个维度可视化反映企业经营和工程建设情况，帮助企业逐渐形成数字化思维，以用促建，站稳数字化转型的第一步。

第8～16章分享基于某建工集团等企业实践总结的数字空间理想架构及思路，具体解决包括基于数据空间构建的建筑全产业数字中台、面向全集团深化BIM应用在内的智能生产、智慧应用实战问题，实现装配式构件智能生产，打造智慧工地管理系统、5G智能检测平台，通过智慧社区方案提升居民幸福感，优化智慧城市治理等。希望与读者共同探讨如何发挥数据资源的价值，实现业务的数字化变革。

本书是我们对未来建筑企业数字化发展的思考，也是我们对智能建造与数字化转型的目标、场景以及数据要素工程化应用的实践总结，希望能对读者有所助益。

笔　　者

2023年5月

目　　录

第1篇　理　念　篇

第 2 篇　路　径　篇

第 4 章　数字空间概念认知与总体架构 ····································· 81

第 5 章　全局数据库 ·· 104

第3篇 实 践 篇

第 1 篇
理 念 篇

第 1 章

智能建造与数字化转型

　　数字经济是继农业经济、工业经济之后的主要经济形态，是以数据资源为关键要素，以现代信息网络为主要载体，以信息通信技术融合应用、全要素数字化转型为重要推动力，促进公平与效率更加统一的新经济形态。（摘自《"十四五"数字经济发展规划》）

　　数字经济包括数字产业化和产业数字化两方面。数字产业化就是数字技术带来的产品和服务，例如电子信息制造业、信息通信业、软件服务业、互联网等，都是有了数字技术后才出现的产业。产业数字化就是推动传统企业、重点产业数字化转型，实现产业的智能化升级，以及生产性、生活性服务业网络化普及，从而持续利用数字技术改造并赋能产业，实现业务的数字化转型。

　　数字经济、数字化转型缘于需求的巨变。一方面，对于消费者个性化、实时化、场景化、互动式、跨越空间的消费体验，需要供给端批量满足这种新的需求，体现在精准、跨界、融合、客户深度参与；另一方面，"十三五"规划后期，企业的社会价值需求更加被关注，企业在发展中必须充分考虑双碳战略、能源安全、精准扶贫、金融安全等社会价值的创造。

　　数字经济包括数据和数字技术两个关键要素。建设企业数字空间，促进数据要素工程化应用，既能发挥数据要素低边际成本、无损耗、易复制的优势，又能避免数据安全、数据质量的缺陷。让数据与数字技术一起加快创新的供给和扩散，优化生产函数中的要素配置，提高生产过程中的技术效率，降低交易成本，从而提高企业竞争优势。

1.1 　数字化转型的逻辑起点是需求的巨变

1.1.1 　生态协同的个性化制造

"初春换季，孩子容易感冒，想要屋里温度保持恒定，就需要空调一直运行，但运行声经常在夜间打扰熟睡的家人"，宝爸小徐在海尔的家电定制平台上发起了一项"低噪音、低功耗、自然风"的定制空调需求，随即得到了很多年轻父母的投票支持。这一定制需求立刻得到了海尔空调送风部门的响应，通过企业内外部供应商方案比选，最终采纳了一款结合航空航天技术的方案，通过针尖高压放电产生电离子风的方式来代替传统风扇送风，满足了低噪音和自然风的需求。方案供应商联合军工设计部门，将军工技术应用在民用领域，在竞标中脱颖而出，满足年轻爸妈的个性化空调需求，依托的就是海尔的家电定制平台。

在海尔的家电定制平台上，用户可以自己设计其需要的产品，就算是梯形的冰箱或者圆形的洗衣机，只要创意发起人能找到足够数量有共同需求的买家，用户就能平价购买满足专属需求的产品。海尔的模块商资源平台连接着3万家供应商，汇集了4万个资源方案。供应商可以根据用户个性化创意作品的设计实现产品销售并分成利润。海尔通过对模块的控制能力，快速响应客户需求，同时保证产品质量和生产效率。个性化规模化定制需求的满足，赋予冷冰冰的工业产品以人性的温柔。

1.1.2 　技术驱动的服务实时化

2021年的"618"电商节，京东大批智能快递车投入使用。最后1公里配送使用的快递车，是京东物流自主研发的第四代智能快递车产品。正是这批汇集众多技术专利的智能快递车，让京东物流联合常熟市打造了全球第一个"智能配送城"。2022年"618"期间，智能快递车在北京、上海、常熟的规模化应用，使得送达单量同比增长了24倍。未来我们将会看到越来越多的京东无人快递车穿梭于社区，按照客户定制的配送时间和地点，准时送货到点。

今天的京东物流，已经是技术驱动的一体化供应链公司。截至2020年年底，京东物流已拥有超过4400项专利及软件著作权，其中超过2500项涉及自动化和无人技术。

前面"车"在跑，后面"仓"在支撑末端配送。2022年"618"期间，京东物流全国运营的超过1000个仓库、超过2100万平方米的仓储设施都投入到大促的保障中，其中，32座亚洲一号（智能仓库）再创新纪录。作为亚洲电商物流领域规模最大的智能仓群，智能存储、智能搬运、智能分拣和智能拣选等机器人产品都在为消费者从下单到收货的每一个环节创造极致效率。其中，一个上海无人仓实现了全智能化，高峰期每天可处理超过130万个订单。密集应用的智能技术打造出京东物流的"一体化供应链"，覆盖全国、触达全球，从容应对亿级订单，让京东创下了"库存周转天数31.2天"这一世界级水平的记录。

物流行业是一个非常传统的行业，看看京东做了什么：渗透到每个流程和节点的数字化加持。没有这些深耕多年的高科技、黑科技，就没有京东物流的"护城河"。如果一个传统的物流行业放弃数字化转型的自我救赎，那它在面对京东物流的时候，能够抵抗多久？

1.1.3　敏捷创新的降维式竞争

我们身处变化越来越快、知识边界不断被突破的VUCA时代，信息的超饱和不断打破暂时达成平衡的局面。VUCA一词是Volatility（易变性）、Uncertainty（不确定性）、Complexity（复杂性）、Ambiguity（模糊性）的缩写，在20世纪90年代由美国军方提出，概括了后互联网时代商业世界复杂易变的特征。

此前，由于国家税务总局推行增值税发票电子化，因此在与竞争对手无关的情况下，顺丰速运凭空丢失了一块巨大的蛋糕，之前顺丰的很大一块业务是快递发票。

这是一个多变的时代，竞争已经不止来自专业的同行，更多来自另外一个领域的跨界者，行业的边界正在被这些跨界者打破，来不及变革的企业必将遭遇前所未有的打击。如果不能适应变化，积极转型，不知何时就会遇到科幻小说《三体》中所说的"降维打击"，完全失去反抗的能力。2018年3月，曾经的ATM巨头"维珍创意"公布了2017年度业绩预告公示，2017年净利润仅300万～390万人民币，同比暴跌88.6%～91.2%！维珍创意在公示中直接写道："2017年支付宝、微信支付迅猛发展，移动支付替代了大量的小额现金支付，严重影响了银行ATM机的布放，造成全公司业绩出现大幅下调。"维珍创意，曾经的银行ATM机的龙头企业，它围绕ATM产业将一条龙服务做到了极致，拿下了中国工商银行、中国农业银行、中国建设银行、中国银行，战胜了多个同类竞争对手，一度风光无限，但就是这样，它活在了局限于ATM的世界里，最后输给了一个越来越不用现金的时代。

这是一个敏捷创新的时代，大批新科技在不断崛起，而推出这种新科技产品并占有市场的，往往不是这个行业的企业，而是其他跨界企业。这样的"门口野蛮人"还有很多，比如：在汽车行业，电动车老大特斯拉原来根本就没有造过汽车；谷歌同样没有一点汽车制造背景，却正在开发无人驾驶汽车，也将对汽车行业带来一定影响；柯达垄断了全球的胶卷，但数码相机和手机的出现却让它快速轰塌；Apple 是一家科技公司，但它推出的Apple Watch都让传统的钟表企业倍感压力。在中国，这样的情况也非常多，移动和联通竞争了这么多年，最后发现现在最大的对手是腾讯；康师傅从风靡全国到减产，原因不是今麦郎，而是饿了么和美团外卖的崛起影响了方便面的销售……

这是一个最好的时代，也是一个最坏的时代：所有的桎梏都将被打破，所有的模式都可能被推翻。创新者以前所未有的迅猛速度从一个领域进入另一个领域。门缝正在裂开，边界正在打开，传统的广告业、运输业、零售业、酒店业、服务业、医疗卫生等，都可能被逐一击破。在移动互联网之上，会建立一个更便利、更关联、更全面的商业系统。

早在2020年9月，国务院国有资产监督管理委员会发布了《关于加快推进国有企业数字化转型工作的通知》，要求加快数字化转型，全面提升国企能力，应对来自各方的挑战。面对呼啸而来的时代列车，我们最好的选择就是买票上车，奔向远方。

1.2　数字化转型目标：体验和效率的提升

数字化转型在业内早已成为一个超高热度的词。更有人说："所有的企业，都值得用数字化重新做一遍。"

数字化转型的过程就是业务重塑的过程，通过数字化来优化研发、产品、渠道、销售以及服务，提升企业在市场的生存能力，不断实现自我优化以持续发展。

推动企业数字化转型的主要目标是什么？华为公司的实践给出了很好的答案：体验和效率的提升，以及延伸的模式创新。

体验就是用户对产品和服务的感知，这里的用户包括内部用户和外部用户（即客户）。体验的优化只有开始，没有结束。传统的客户体验是笑脸相迎与和声细语；信息化时代是快捷的IT（Information Technology，IT）系统与及时的响应；数字化时代，就是更懂用户，帮助用户用更高的效率达到目的。典型的场景是智能推荐，能够快速地让客户找到想要的商品或者更优惠的产品组合。提升体验，听起来简单，但实施起来却是无止境的，需要持续地收集数据与治理；不断优化模型和学习，持续改善产品的功能和界面，以及优化业务流程，通过不断迭代，实现客户体验的螺旋上升。

效率提升就是增加企业生存的优势。数字化转型为企业带来的效率提升，往往能带来降维打击的效果。比如前面介绍的京东自动化无人仓库，上海的一个全智能化无人仓，高峰期每天可处理超过130万个订单。面对京东这样的对手，哪个物流企业不紧张呢？在智慧城市中有一个典型的应用场景——通过大数据技术控制红绿灯：通过大数据和AI视频识别技术，分析不同方向堵车的长度以及相关的分支路段的拥堵程度，统筹考虑相关联区域红绿灯的分布，虽然仅仅是简单地改变了路口不同方向绿灯的通行时间，但在实际使用效果上却极大地缓解了交通拥堵，为公众节省了大量的时间，降低了碳排放。

模式创新就是通过数字化的手段，优化或改变交易模式、运营模式、组织模式，增强企业的竞争力。数字化能力的提升使得模式创新有了很大的空间，如典型的黑灯工厂、无人港口、无人驾驶车队、无人机线路巡检等都是不同的模式创新。区块链技术使得传统的复杂交易能够通过智能合约来提升效率，比如马士基和IBM合作建立的TradeLens航运数字化平台。像便利蜂这样使用企业大脑（AI）来驱动超市运营的企业，则走得更超前一些。

上述三个目标并不是孤立的，效率本身就有助于改善体验，而模式创新也会为效率和体验带来改善。因此在考虑转型目标的时候，要结合具体的业务场景综合考虑各要素之间的关系，选择更有针对性的数据集、模型和工具的组合，发挥数字化的最大效率。

1.3　数字化转型基础：数据要素工程化应用

华为认为企业数字化转型就是通过新一代数字技术的深入运用，构建一个全感知、全连接、全场景、全智能的数字世界，进而优化再造物理世界的业务，对传统管理模式、业务模式、商业模式进行创新和重塑，实现业务的成功。而这些背后，数字化转型的基础就是全量全要素的实时连接和反馈，本质上就是建设一个工程化、系统化数据应用的体系。

当企业实现了"全量全要素的实时连接和反馈"时，借助数字技术的力量，可以实现以前无法实现的能力。这里说的新一代数字技术，包括5G、云计算、区块链、人工智能、数字孪生、北斗通信等新技术。数字化转型就是通过对这些技术的综合应用去重塑业务。

如何工程化做到全量全要素的连接呢？

方法并不是唯一的，可以根据当时企业的业务特点和技术能力来选择合适的方法。根据我们的经验，这里提供一个参考方法：首先基于数字化转型的目标分解业务场景，再对业务场景包含的产品和服务全生命周期进行分解，然后对生命周期每个阶段涉及的数据进行评估，选定数据，再确定连接方案，如有的数据来自数据库，而有的数据来自设备甚至第三方。对全场景和全生命周期的分析和评估，就是要确保全要素的覆盖，在全覆盖的基础上才有可能做到全连接。

全量全要素连接之后，如何检验是否做到了实时反馈呢？

通过判断数字化体系是否具备感知、决策、指挥和控制指令执行的能力，来检验是否做到实时反馈。不同的业务场景对实时的要求也不一样，比如某些生产线，应该是毫秒级的响应；而企业大脑对于库存和订单处理的响应时间则无须做到毫秒级，能够容忍一定的延时。只要能够满足业务场景的响应要求，就可以认为做到了实时反馈；一味追求过快的响应时间，会造成资源的浪费和高昂的成本。

随着业务场景的变化和数字化转型的深入，会不断对全量全要素的连接提出新的要求。正如数字化转型只有开始没有结束一样，全量全要素的连接也没有结束的时候，随着对能力要求的提高，会有不同的数据需要源源不断地连接。

全量全要素连接建立之后，工程化数据应用体系的建设——无论是简单的数字化应用还是复杂的自动驾驶——都具备了可用的数据基础，数据就可以为创新带来新动力，创造新的产品和服务，产生新的商业模式。英国帝国理工大学副校长、著名创新领袖David Gann博士提出了"数据驱动创新的五种模式"，说明如下。

1. 让产品产生数据（Augmenting Products to Generate Data）

传统的产品装上传感器后，产品不仅具有使用功能，而且还能产生数据。数据通过无线通信技术传输到服务器，便能产生巨大的价值，例如提高新产品设计、优化工艺、维保预测等。

结合数字经济新时代，陕西鼓风机（集团）有限公司（以下简称"陕鼓"）提出了智能设计、制造、服务"三位一体"的智能制造服务型集成理念，持续深入探索数字化与传统制造业的有机结合，创新发展模式。在服务智能化方面，陕鼓出产的装置机组都带有智能检测系统，可足不出户24小时监测机组的运行状态；AR工业运营服务支持系统利用设备状态数据、工艺数据、过程数据及AR现场可视化技术、故障原理透视、专家远程指导、智能巡检等服务技术，向流程工业领域用户提供全生命周期健康管理服务系统方案。

2. 产品数字化（Digitizing Assets）

在工业领域，可视化技术大大提高了制造业的设计水平。这几年兴起的3D打印技术更是一个把数字化产品转变成有形实体的逆向过程。在生命健康领域,病人病历已经能够实现数字化管理,这大大提高了诊断效率。未来外科医生完全可以通过病人身体的数字化模型来提高手术的准确率,降低手术风险。

3. 跨行业数据的整合（Combining Data Within and Across Industries）

大数据科学和新的IT标准提高了数据的集成能力,也使得数据跨行业的交互成为可能。智能城市是进行跨行业数据整合的最佳案例。在伦敦,电动汽车的使用给城市带来一系列新问题,即大量电动车同时充电会使电网产生峰值,影响城市用电。目前电网和交通网没有实现数据整合,如果这两网数据能整合到一起,就可以根据交通网的数据预测当天城市电网的情况,这对电力的调配是非常有帮助的。反之,两网数据整合也能为交通管理提供信息咨询,更好地管理城市交通。

4. 数据交易（Trading Data）

2020年3月中共中央国务院发布了《关于构建更加完善的要素市场化配置体制机制的意见》,其中第六章第二十、二十一、二十二条明确提出加快培育数据要素市场的意见。而数据的开放、共享、整合、保护等事项,早在2015年国务院发布的《促进大数据发展行动纲要》中就有所体现。但是这次是将数据和土地、人力、资本、技术并列为五大生产要素之一,一并发布,足见国家已经深深意识到数据这个新型生产要素的价值。数字经济就是以数据作为必要生产要素的新型经济体系。

5. 数据服务产品化（Codifying a Distinctive Service Capability）

随着信息技术在商业领域的广泛应用,一些公司开始把内部运作良好的信息系统进行标准化开发,形成一种适合业界推广的商品,这是一种数据服务产品化的新模式。以金融行业为例,2019年8月,中国人民银行印发了《金融科技（FinTech）发展规划（2019－2021年）》,旨在建立健全我国金融科技发展的"四梁八柱",进一步增强金融业科技应用能力,实现金融与科技深度融合、协调发展,明显增强人民群众对数字化、网络化、智能化金融产品和服务的满意度。目前,在中国的6家国有股份制商业银行中,已有3家银行成立金融科技公司,分别为建设银行（建信金科）、工商银行（工银科技）、中国银行（中银金科）;在12家全国股份制商业银行中,已有6家银行成立金融科技公司,分别为平安银行（平安科技、平安壹账通）、兴业银行（兴业数金）、光大银行（光大科技）、民生银行（民生科技）、招商银行（招银云创）、华夏银行（龙盈智达）。

数据正在成为新兴商业机会的强大推动力量和模式创新的基础。

1.4　数字化转型高级阶段：智能化时代

数字化转型的浪潮持续推进，越来越多的企业加入进来。尽管不同企业转型的重点领域和涉及的深度不一样，但都面临一个共同的问题：目前看来，数字化转型似乎只有更好，没有最好，那么数字化转型的最终形态是什么？是不是要永无止境地持续下去？

毫无疑问，数字化转型是一个渐进的持续过程，就像人类科技发展的历史一样，始终在不断进步，而不会有尽头。尽管数字化转型是一个持续的过程，但并不意味着我们对未来持不可知论态度。科技发展都有阶段性的里程碑成果，就像第一次工业革命、第二次工业革命一样，在较长的时间内，其成果的特征比较稳定。

数字化转型的未来终极状态可以想象，但很难定义，也许像《黑客帝国》中的数字世界，也许像《终结者》中的天网，也许是构建一个平行世界的元宇宙，但未来十几年甚至几十年的时间内，数字化转型的未来是"智能化"被大众接受。

无论是无人工厂、无人仓库、自动驾驶还是零售企业的自动化运营案例，都体现了智能化的方向。随着智慧城市、智慧矿山、智慧港口等一系列超大智慧场景和解决方案的出现，越来越多的企业将智能化作为数字化转型的目标或愿景。

随着信息化的发展，随便一个企业都拥有海量的历史数据。人类大脑虽然超级复杂，但对信息加工处理的速度和容量仍然无法和计算机相比。人类的优势是模糊的推理和基于有限输入的战略的判断与设想，目前机器是无法做到这一点的。人类能够创新，而机器一直在学习经验，重复历史，至少目前，深度学习支持的人工智能还活在贝叶斯的框架之下，但机器的优势是在海量的数据下快速做出决策，找到最优/次优解，这一点是人类智力无法企及的。

在绝大多数工作的运营中，还是按部就班地进行决策规划的过程，如生产线、仓库的库存、航班的调度、场内自动驾驶和驾驶路线的规划等，基于现在的人工智能水准，完全能够支撑某些业务领域的智能化运营，将人类的管理者从烦琐的工作中解放出来，从而承担更多创新、战略和人性化的工作，同时也让人类远离恶劣、危险的工作环境。智能化的自动化运营，其效率将会超越人类的管理者，这一点是毫无疑问的。

从目前数字化转型的实践和成果来判断，智能化无疑是数字化转型的下一个高级阶段。

1.5 数字化转型愿景：企业大脑驱动企业运营

我们一直在说企业数字化转型，那么，数字化转型的愿景到底是什么？也就是转型之后我们成为什么样的企业？

愿景是指导数字化转型过程的重要依据，在启动转型之前，必须制定清晰的企业数字化转型愿景。

华为认为：每一家数字化转型企业的终极目标就是进化成一个"智能体"。波士顿咨询（BCG）认为：数字化领先企业的四大加速器之一就是"将人工智能作为数字化转型的核心"。

我们综合业界的经验和自身多年为客户提供数字化转型服务的经验，总结了能够适用大多数场景的转型愿景参考模型——企业大脑驱动企业运营模型。

企业大脑的说法由来已久，其最初来源已经很难考证。比较正式的来源是2018年中华人民共和国第十三届全国人民代表大会和中国人民政治协商会议第十三届全国委员会议期间，由全国人大代表孙丕恕提出：企业大脑，是基于人工智能、大数据等新IT技术的融合而构建的企业智能化开放创新平台，辅助智能决策和业务自动化，驱动业务系统的智能化升级，实现企业的个性化、定制化、精细化的生产和服务。

　　这个定义中的一个关键点是"辅助",在充分认识企业大脑重要性的同时,将其定位为辅助,这点符合当时和近期的实际情况。但如果考虑技术进步的速度和放眼更长的时间,我们认为企业大脑实现主动运营在一部分企业是可能的。

　　对于企业大脑包含的内容,业界有很多的解读。我们认为,企业大脑主要包括感知(Awareness)、决策(Decision Making)、指挥和控制(Command & Control)三项主要能力,围绕这些能力所需的数据、算法和计算资源都属于企业大脑的范畴。而执行者和资源工具则属于大脑范畴之外的内容,正如人体的四肢和消化系统,是大脑支配的对象,是生命体的重要组成部分,但并不属于大脑本身。从这个意义上说,我们更愿意将企业大脑的范围定义得小一些,而不是将它泛化到企业信息系统的范围。

　　企业大脑模型给出了两类愿景目标:一类是企业大脑主动运营型企业(人类干预较少,主要是企业大脑在决策和指挥运营,如高度智能化的生产制造企业),更接近于理想的终极目标;另一类是企业大脑辅助运营型企业(人类干预较多,企业大脑的决策起辅助作用,如金融、证券或某些特殊企业),这类可以是某些特定企业的最终目标。企业大脑驱动企业运营模型如图1-1所示。

图 1-1　企业大脑驱动企业运营模型

从图中可以看出，企业大脑驱动企业运营模型分为三个部分：

- 左侧部分是企业大脑，包括了感知、决策、指挥和控制3种主要的能力，这3种能力与高级生物大脑的能力相似。

- 中间部分描述了大脑发出指令后的执行过程和信息反馈，企业大脑执行指令由执行者去执行，执行者包括管理人员和企业的数字化应用/系统，执行的过程具有自动化和智能化的特征（如BPA或RPA），执行者会使用工具和资源，工具和资源可能是操作人员、数字化应用/系统和设备中的一种或几种。执行者、工具和资源都会产生信息并反馈给企业大脑（数据采集和感知），用于方案优化和持续改进。

- 右侧部分是两种类型的愿景目标，即企业大脑主动运营型企业和企业大脑辅助运营型企业。

该模型为讨论企业数字化转型的愿景、策略、企业架构和技术路线提供了基准。

1.6 数字化转型起点：从数字化应用开始

"千里之行，始于足下"，数字化转型是一个漫长而艰巨的过程。再复杂的工程，也是由细小的任务有机叠加构成的，正是数字化应用构成了数字化转型的成果。

什么是数字化应用？它和传统的IT系统有什么区别？为什么说数字化转型从数字化应用开始？

数字化应用和传统的IT系统在外在形式上并无很大的区别，都是由一个或多个功能组成的软件程序，内部或外部用户通过系统来完成特定的工作，如生成报表或者下订单买东西。但从内在来看它们就有很大的区别：数字化应用的背后是全感知、全连接、全场景、全智能的世界。所以也有人将数字化称作"数智化"，这并不是无聊的文字游戏，"数智化"更能生动地体现其特点。

举个简单的例子：使用以前的OA办公系统起草公文，就是按部就班地打开应用，编辑公文，保存，选择抄送列表，最后提交。在数字化的场景下，可能是这样的：由于系统对大量的历史数据进行了分析、建模，因此能够更智能地辅助公文的编写，在编辑公文的时候，系统能够根据当前的大形势（如年底冲刺、安全生产月）和用户的特定身份（集团部门领导、分公司领导、一般员工）推荐特定的模版，并生成一些特定的框架和统计数据，如截止到本月底的销售额、市场占有率、利润率以及各部门任务完成情况等，能够更高效、准确地完成公文；也能够根据公文的属性自动生成抄送列表等。这样的应用，不仅节省了起草时间，其更高的价值在于公文中详实、有价值的数据。

一般来说，新的数字化应用在企业大脑的辅助或驱动下，可以分为智能助手、社交助手和自动化工具等几类：

（1）智能助手，就是类似起草公文这样的场景，充分利用对数据的掌握和理解，辅助用户获取更多的加工数据，并自动生成部分工作框架或模板，提高效率，减少人为差错。

（2）社交助手，就是在传统即时通信工具的基础上，通过数据分析和智能支持来提高沟通的效率和针对性，如某个项目工作群可以看到实时更新的项目指标数据，按照传统的方法，这些都是需要在开会前手工统计的。又如系统会根据交流事项的特点和任务归属、组织架构来自动拉人建群（群主再审核一下即可快速建群），并规范命名，提供群内使用的机器人小助手等。

（3）自动化工具就是原有的BPM（Business Process Management，业务流程管理）、RPA（Robotic Process Automation，机器人流程自动化），只是在企业大脑的加持下，它们更自动化、更智能，应用领域更广泛，可以全面提升自动化能力，最终实现企业大脑驱动企业运营。

从上面的解读可以看出，数字化转型并不神秘，也不虚幻，而是具体到了日常运营和管理的点点滴滴，从具体的数字化应用出发，通过持续优化迭代，不断改进系统能力，把劳动力从烦琐的工作中解放出来，去从事具有更高价值的工作，把海量重复的、需要精准数据的工作交给机器，让企业更智能，运营效率更高。

1.7　数字化转型抓手：智能建造

2020年，中华人民共和国国家发展和改革委员会定义了新基建，国务院国有资产监督管理委员会、住房和城乡建设部联合多部委发布了企业数字化转型、智能建造相关的一系列重要文件。行业主管部门正式提出了智能建造作为建筑行业融合新一代信息技术驱动行业发展的新概念。但是，目前行业还没有智能建造的准确定义，随着研究的深入，其内涵和外延在不断丰富。然而，虚拟和现实严重脱节已经极大制约了建筑企业数字化转型的进程[1]。

智能建造的概念旨在解决虚拟侧的工作无法与现实生产结合的问题。经过多年的实践和认知发展，如今的智能建造可以被理解为以创效为目标、以工业化为主线、以标准化为基础、以建造技术为核心、以信息化为手段。通过数字空间技术实现虚拟数据的生成和模拟，以及数据承载；通过智慧工地实现高精度测量和感知，将虚拟和现实进行链接；通过智能装备实现对现实的反馈，将施工作业转移到工厂完成，将工厂能力移植到施工现场。这样，新一代信息技术与建造技术得以深度融合，丰富并延展了建造能力，提升了建造产品的品质，从而实现了一种新型的建造模式。

建筑企业数字化转型与智能建造的方向和内涵是高度一致的，智能建造是在建造层面和企业管理层面完成施工企业的数字化转型任务。智能建造是中间状态，之前是数字建造，之后可能是智慧建造。以赋能为目标的智能建造状态将长期存在，且不能割裂也不能跳跃。建筑企业"建造"是主业，实现企业数字化转型要解决建造过程中生产要素和业务数字化问题。这两项工作依托的是生产信息化和管理信息化。传统项目管理系统、业财一体化系统缺少数据载体，难以实现虚拟和现实的衔接。只有深入研究数据要素在智能建造过程中的角色和作用，并结合实际应用，才能实现对数据的掌握，完成数字化转型基础。因此，智能建造是建筑施工企业数字化转型的必由之路，也是数字化转型的抓手。

---

1 杨震卿.施工企业的智能建造目标和实现路径思考[J].建筑技术，2022，53（07）：953～956

第 2 章

建筑行业智能建造之路

2.1 建筑行业的智能建造之缘由

2.1.1 市场环境的大势所趋

2021年12月，国务院印发的《"十四五"数字经济发展规划》指出：数字经济是继农业经济、工业经济之后的主要经济形态，是以数据资源为关键要素，以现代信息网络为主要载体，以信息通信技术融合应用、全要素数字化转型为重要推动力，促进公平与效率更加统一的新经济形态。其中提出建设"新型智慧城市和数字乡村建设工程"，分级分类推进新型智慧城市建设，强化新型智慧城市规划、设计、建设、运营的一体化、协同化。

2020年7月，住房和城乡建设部第13部门联合发布的《推动智能建造与建筑工业化协同发展的指导意见》要求，加快培育具有智能建造系统解决方案能力的工程总承包企业，鼓励企业建立工程总承包项目多方协同智能建造工作平台，强化智能建造上下游协同工作，形成涵盖设计、生产、施工、技术服务的产业链。

数字化时代，客户需求个性化，信息化和工业化深度融合，这也对建筑企业的角色定位提出新的要求。建筑行业的智能建造就是用BIM（Building Information Modeling，建筑信息模型）、云计算、大数据、物联网、移动互联网、人工智能等数字化技术推动建筑行业实现企业经营及建筑建造业务的数字化。

重庆市原市长黄奇帆认为：信息化是向企业内部和供应链上的流程要效益，通过信息技术提高流程效率、降低运营成本，但对建筑业自身的业务规则没有太大影响。而数字化是向建筑产业生态要效益，要激活整个建筑行业的数据要素。信息化关注的核心是流量，数字化关注的核心是商业模式。简单说就是建筑产业互联网。

他强调：所谓建筑产业互联网，是通过推动建筑产业的各个参与者的互联互通，改变产业内数据采集和流通的方式，并运用区块链等技术保障产业内数据交易的可信性，进而改变产业的价值链，提升每个参与者的价值。

黄奇帆提出，推动建筑产业数字化有三个关键要素：首先，要以客户个性化需求为出发点和归结点，客户体验决定了未来产业发展的趋势；其次，要以技术变革推动生产过程的数字化、智能化；最后，要利用数字化技术，打通供应链上下游企业，实现信息协同和产业效率的升级。

2.1.2　变老变少的建筑从业者

在建筑行业的传统发展中，人工成本低廉是整个行业快速发展的关键因素之一。但一方面，社会人口结构变化、人口老龄化不断降低的人口出生率，以及新一代农民工工作意识的转变，都使得未来劳动力的数量无法满足建筑业需求，这种劳动力供给短缺会导致建筑企业用工成本的上升。由于市场竞争激烈，这种成本很难完全转嫁给客户，这就导致建筑企业利润不断下降。另一方面，《工人日报》在2022年3月18日的一则报道中提出，全国已有多个地区发文进一步规范建筑施工企业用工年龄的管理。多地发布建筑业清退令清退超龄工人（超龄指男性超过60周岁、女性超过50周岁）。两个方面的因素叠加，目前或者未来很长一段时间建筑行业的现状是，年轻的人不愿意干，年纪大的人想干干不了。

求生存就必须靠发展，传统粗放式发展已经不能满足当前的行业市场。建筑企业可以通过探索建筑工业化等现代化的制造、运输、安装和科学管理的生产方式，来代替传统建筑业中分散的、低水平的、低效率的手工业生产方式，以降低劳动力短缺带来的冲击。而数字化是探索这些现代化模式的必需品。

2.1.3　建筑行业的现实困境

　　建筑业长期以来面临着许多问题，如"不合理的产业结构""过时的经营管理模式""高端人才难觅、专业人才紧缺""规模增加、利润下降""资金优势与成本竞争实力不强"等。这些问题导致产品质量参差不齐、建筑品质提升缓慢、建筑能耗居高不下，不仅无法与国际先进水平相比，也不能满足建筑业高质量发展的需要。未来国家对环保的要求将日益严格，从渣土扬尘管控到绿色建筑，再到碳达峰、碳中和，都要求使用更多绿色建材，降低建筑消耗，减少环境污染，这些举措对现场管理、施工工艺、成本控制等方面都提出了更高的要求。随着中国人口红利的逐步消失，从事建筑业的人数正在减少，建筑工人数量急剧下降，每到新年伊始，各地都会频繁爆发"用工荒"现象，这就要求建筑企业必须加快产业化发展，逐步减少人工使用，提高用工人员素质。

2.1.4　建筑转型的现实需要

　　中国建筑业规模庞大，但建筑企业的管理水平普遍较低。2021年，中国GDP达114.4万亿，建筑业总产值突破29万亿元，同比增长11%，建筑业支柱产业地位依然稳固。但建筑业企业利润总量的增速继续放缓，行业产值利润率连续五年下降，各地房地产开发市场高光不在，大型基建与市政工程建设资金预算趋紧，市场竞争烈度持续增强，建筑企业面临的挑战与问题愈发突显。建筑企业转型的关键在于：

　　（1）工业化。建立以标准部品为基础的专业化、规模化、标准化、模块化、信息化的生产体系。加快推动新一代信息技术与建筑工业化技术的协同发展，最大程度地提升建造质量，提高建造效率，降低建造成本。

　　（2）数字化。依托新一代数字技术，结合大数据、云计算、BIM技术、3D打印等新一代信息技术，推动建筑投资、融资、设计、建造、运维全过程与全要素向数字化、在线化、智能化转变，同时带动工程项目全生命周期业务模式、管理模式、生产方式的优化、重构与升级。

（3）绿色化。从建筑材料的生产、建筑施工的全过程到建筑物使用的全生命周期，各环节均按节能减排标准，形成绿色建筑生态系统，用绿色生产方式生产绿色建筑产品。

2.2 建筑行业智能建造之困

2.2.1 建筑行业全流程工业化水平低

住房和城乡建设部等9部门联合印发的《关于加快新型建筑工业化发展的若干意见》指出，新型建筑工业化是通过新一代信息技术驱动，以工程全寿命期系统化集成设计、精益化生产施工为主要手段，整合工程全产业链、价值链和创新链，实现工程建设高效益、高质量、低消耗、低排放的建筑工业化。这是当前和今后一个时期指导新型建筑工业化发展、提高建造水平和建筑品质、带动建筑业全面转型升级的重要文件。

改革开放以来，我国建筑业在促进社会经济发展、城乡建设、人居环境改善等方面发挥了重要作用。但由于建设方式粗放，因此也带来了大量的资源能源浪费、环境污染以及质量通病、安全隐患等一系列问题。与人民日益增长的美好生活需要相比，建筑业在科技创新、提高效率、提升质量、减少污染与排放等方面还有巨大的发展空间。

与发达国家相比，我们在绿色发展方面目前还有很大的差距和不足。具体表现在以下四个方面：一是高消耗，仅房屋建筑年消耗的水泥、玻璃、钢材就占了全球总消耗量的40%左右，北方地区供暖单位面积能耗是德国的两倍；二是高排放，仅建筑垃圾年排放就达20多亿吨，为整个城市固体废弃物总量的40%，建筑碳排放更是逐年快速增长；三是低效率，据有关统计，建筑劳动生产率仅是发达国家的2/3左右，建筑业的机械化、信息化、智能化程度还不高。四是低品质，总体来看，建筑施工还不够精细。

推进新型建筑工业化与国家推进建筑产业现代化和装配式建筑是一脉相承的。新型建筑工业化是以工业化发展成就为基础，融合现代信息技术，通过精益化、智能化生产施工，全面提升工程质量性能和品质，达到高效益、高质量、低消耗、低排放的发展目标。

2.2.2　总体信息化程度较低

在我国，建筑行业的总产值在各产业中的占比名列前茅。以2020年为例，我国建筑业总产值达26.39万亿元，排名领先，但与之相对的，整个建筑行业信息化投入低，仅约为0.03%，在所有行业中位居倒数第二，而国际建筑业信息化投入则达到了0.3%。根据建筑业现有体量计算，信息化率提升0.1%，就能带来260亿的市场空间，因此建筑业信息化未来发展前景广阔。

2.2.3　建筑行业产业链较长

建筑行业产业链过长，参建方众多，投资周期很长，各个工程环节脱节、不连贯，由分散的部门或者专业团队负责，各个流程阶段无法协调出一套统一的、贯穿整个项目生命周期的信息化方案。具体体现在以下两个方面。

（1）纵向项目数据上不来。当前，基层项目部存在大量重复填报数据的现象，违背"数出一源、一源多用"原则，项目数据无法真实、准确、及时地传递上来。企业级的管理系统往往是"徒有其表"，缺乏数据支撑，不能真正发挥作用。

（2）横向管理系统不贯通。面对众多林立的系统，企业集中大量精力、物力和财力做数据转换、数据集成。系统不贯通，数据难融通，导致管理协同、降本提质增效的预期大打折扣。

2.2.4　建筑行业数字化起点较低

在项目管理中，最后的实施人员往往都是小型的施工队。由于各个施工队的管理水平不一致，对于信息记录的执行力度不一致，因此执行效果不一致，连最简单的项目日志都无法形成统一的格式，更不要提统一的项目流程管理软件了。而且建筑产业产品的个性化比较强、生成地点不固定、机械化程度不高、人员多变，造成整体管理效率较低，信息化推进与数字化转型也比较困难。

企业级集成化应用、项目管理信息化仍然是行业尚未解决的主要难题。经过多年实践发现：直接购买系统，代价大且不贴身，二次开发深化应用难；自建队伍定制开发，周期长，见效慢，技术水平不能保障；两者结合，往往又顾此失彼，难以把控。企业用户、行业主管部门、软件商等多方均陷入困境。

2.3　建筑行业智能建造之路

2.3.1　投资和融资升级：借助数字科技提效传统投融模式

随着"三道红线"（三道红线是2020年8月，中国人民银行、中国银行保险监督管理委员会等机构针对房地产企业提出的指标，即剔除预收款项后资产负债率不超过70%、净负债率不超过100%、现金短债比大于1）等政策的陆续推出，决策规划阶段成为决定整个工程建设盈利结果、项目成本控制的重中之重。投资决策精度和效率成为开发商运营及盈利的基石。与此同时，房企对城市和土地的价值判断愈发谨慎和趋同，导致对优质地块的竞争愈发激烈，拿地成本进一步攀升，房企之间"内卷"严重；此外，随着企业逐渐发展壮大，公司层级逐渐增加，简单的人工审批及台账式管理不足以应对瞬息万变的融资环境。

1. 投资规划全流程数字化

借助数字化科技的力量，近年来投资决策阶段的技术应用渗透率提升，GIS（地理信息系统）、AI等数字化技术聚焦于提供数据整合及自动化分析等手段，帮助业主方实现精益化、批量化和一定程度标准化的数字化投前管理。投资规划数字化全流程如图2-1所示。

2. 建立智能融资流程降低融资成本

打破传统融资管理的困局往往分"三步走"。

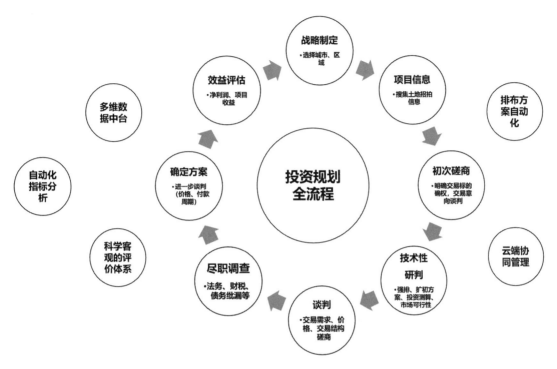

图 2-1　建筑企业投资规划全流程数字化

（1）线上化：将当前纸质业务移至线上。相较于线上化材料，纸质材料无法检索，当项目增多、材料增加后很难找到相应条目；纸质材料无法修订错填的信息，只能作废重写，严重影响工作效率。通过电子审批将相关业务流程移至线上，计算机输入内容后可再行修改排版，同时保留编写的版本，支持回退，大大减少了修订的难度。电子审批流程规范了融资业务的作业流程，同时检索方面可以依据经办人、成员单位、申请日期等重点筛选项的方式按需筛选。

（2）自动化：在完成材料线上化之后，就可以通过自动化审批、自动化归档等手段进一步提高效率。实现融资管理自动化，将大大降低集团以及各家成员单位财务部门的工作量，提高集团整体运行效率。自动化审批可采用RPA（机器人流程自动化）抓取、提供或识别申请信息，高效匹配材料的准确性、填报合规性以及业务可行性，尽可能减少主观干预；自动化归档则可将已完成业务根据不同业务类别进行归类，筛选关键数据，便于未来查档。

（3）智能化：搭建基于数据与AI（人工智能）的智能融资管理平台，企业集团可采用人工智能对业务数据进行智能分析，生成当前各公司财务运营情况报表以及给出对未来的发展建议等。例如，在统计完集团合并计息负债后，通过AI对每月数据进行智能解读，从而产出当月负债情况简析及未来预测分析。以数据为基础的智能化分析，可用于分析当前各成员单位的融资情况与潜在风险，并且根据国家政策、行业风向以及成员单位近期支出需求等因素，综合测算、考量及安排合适的未来融资需求，匹配融资产品。智能化不仅可以用于每月的定量分析，也可用于合理推算和规划各成员单位年度、半年度的融资预算。通过不断对各个集团的数据进行多维度的、海量的深度学习分析，AI将不断进步，并通过在实际运用中的持续改善来高效统筹融资水平，合理安排债务融资品种与期限结构，有效降低平均融资成本。融资数字化如图2-2所示。

图 2-2　建筑企业融资数字化

2.3.2　建造和管理升级：整合云平台形成科学施工和管理

1. 建筑施工管理数字化

建筑工程项目涉及的专业工种多，工作环境复杂，工期长，且整体工业化、标准化程度较低，因此施工项目管理难度极大。

（1）工期时间紧。一般工程项目建设周期时间较紧，业务流程中存在大量重复劳动及可避免的人为失误。

（2）难点项目精度控制要求高。造型复杂、空间结构多的重难点项目对于图纸的精度要求高，当前交付的二维施工图纸在建造精度上无法满足高难度项目的需求，凭经验凭感觉的人为控制显然难以适用。

（3）组织协调难。工程项目中不仅涉及人、财、物的调配与使用，还涉及众多参与方（业主、资方、总包、监理、设计、施工、材料供应商、设备供应商、专项分包商、劳务分包商等）的协作，个中关系交叉复杂，容易造成往来结算、责任划分不清的问题。

（4）管理维度多。主要管理维度涉及人员、设备、进度、成本、工程质量、场地环境、物料、过程控制等。每个子类还可以进一步拆分为多个管理维度。

BIM+智慧工地云平台以BIM和物联网为技术基础，将施工现场的碎片化应用集成至一个统一的云平台，并累积施工业务中产生的业务数据，形成数据中心。通过建立统一主数据、统一入口、统一技术标准和数据接口，实现组件模块之间的协同与数据共享。同时基于平台内的数据中心，服务于多参与方的科学决策，为工地的精细化、智能化管理提供数据支撑。BIM+智慧工地云平台如图2-3所示。

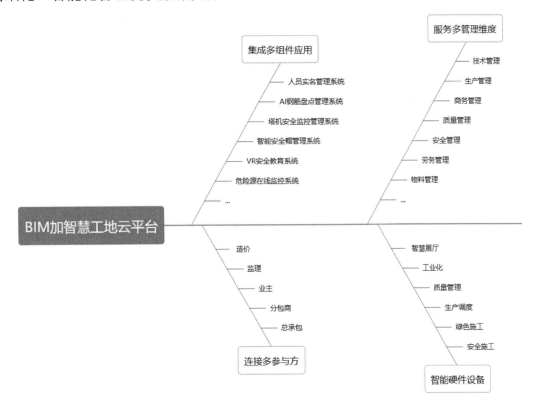

图 2-3　BIM+智慧工地云平台

2. 建筑企业管理数字化

（1）传统建筑行业管理模式粗放。建筑业内各参与方各自为政，利益目标不同且普遍使用不同的信息管理系统，导致建筑全生命周期各业务阶段出现信息断层，产业内信息连通程度极低。单个业务阶段内存在大量冗杂的业务信息，却难以有效提炼并传递至下一环节。因此建筑行业生产及管理模式落后，行业内负面新闻层出不穷。

（2）行业发展逻辑发生剧变，外部环境对行业发展提出挑战。当前中国宏观经济换挡进入低速期，与此同时，2020年中国建筑业总产值从两位数的年增长率放缓至6.2%，房屋施工面积增速也放缓至3.69%。原先大兴土木的普涨时代已经过去，建筑业的发展逻辑发生剧变，提质增效的数字化改革成为行业当下的发展重点。

面对"内忧外患"，建筑业急需运用先进的数字化技术，提升管理理念，实现产业升级。必须把握进度、成本、质量、安全等管理要素，协同人、机、料、法、环等生产要素，提升成本管理、招采管理、供方管理、采购方管理的数字化水平。建筑企业管理数字化如图2-4所示。

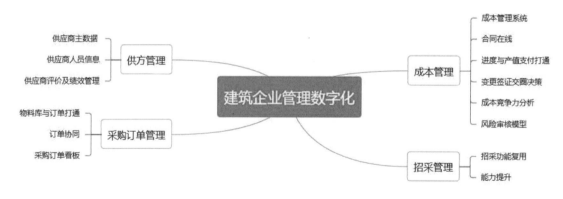

图 2-4 建筑企业管理数字化

2.3.3 运营和维护升级：集成全量数据实现精细运维管理

虽然中国建筑业规模大、建筑数量多，但是中国建筑智能化率远低于发达国家，当前大量的公用建筑及民用建筑中尚未配备相关的智能化系统。2020年，中国商业建筑智能化率在新建楼宇中的占比低于50%，远低于美国的70%以及日本的60%。

而在已应用智能化系统的建筑中，能实现有效持续运行的比例也仅为45%。

　　建筑行业需要通过构建新型的数据集成架构、标准化的构件编码体系，以及闭环的管理机制、科学的评估体系，推进完善运维方案、运维模型、运维设备管理、资产管理和能源管理体系的实现。

　　通过BIM运维管理系统集成设计+施工+运维的建筑全周期数据，为智能化的运维管理提供完备的数据支撑；建立标准化的构件编码，形成一致的运维基准；集成各子系统及传感设备，对设备、环境、事故进行实时感知；建立闭环的管理机制，针对异常情况建立闭环的流程管控；建立科学的评估体系，系统自动适应动态数据环境并建立评估体系，人工智能辅助评估设备的即时状态；以三维可视的数据展示提供三维立体的建筑信息。建筑企业运维模式演变如图2-5所示。

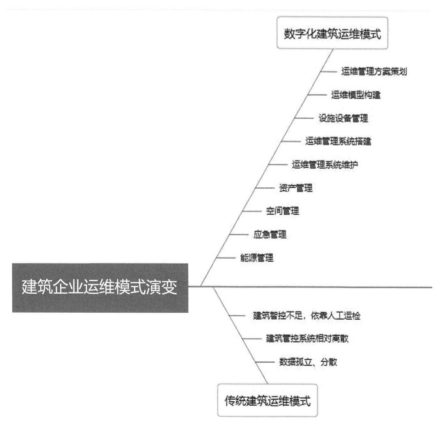

图 2-5　建筑企业运维模式演变

2.3.4 体验和生态升级：互动与协同提升体验、打造生态

1. 建筑体验数字化

通过构建数字空间，可以将多维度的全量数据展示给不同用户，用户看到的不再是局部信息而是全量信息，甚至可以看到增量数据，如暂未发生的预测场景，真正做到"所见即所得"。

例如龙湖地产的"云看房"APP，购房者在APP上不但可以查看房屋的户型、装修，甚至站在某个窗口还可以看到窗外的各种景色，除了已经存在的街道场景，还能看到未来规划场景（如绿化、学校等），景色还会随着时间发生变化。实地售楼处能看到的所有时间线的场景，"云看房"都可以看到；实地售楼处看不到的未来场景，"云看房"也可以看到，这才是真正的"所见即所得"。

又如，如视和立邦合作的AI装修设计产品"未来家"，无须任何技术门槛，用户就可以在自家房型的3D家装图中在线随意更换涂料颜色，最大程度减少试错成本，直观且便捷地选到满意的涂料。仅在一个月的时间内，这一产品就已覆盖全国2000+城市的21000+立邦线下门店。建筑体验数字化如图2-6所示。

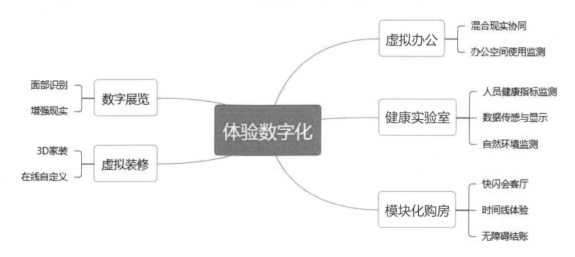

图 2-6 建筑体验数字化

2. 建筑行业的生态数字化

建筑行业的生态数字化以高度统一的认知来平衡多参与方之间的利益关系，共同服务最终业主的需求，形成流程协同、资源协同、数据协同和管理协同，主要包括以下两个方面。

（1）建立以业主为中心的发展战略。围绕建筑本体从建造前、建造中到建造后的全生命周期应用，由B端业主方发起投资建设项目，再到楼体建设并最终交付至业主。各参与方在建造及运维过程中应充分融合业主的需求，推动整个行业从以产品（服务）为中心向以业主为中心的发展战略转型。

（2）最大化企业间的协同效应。产业链上的企业应最大化企业间的协同效应，包括企业间数据协同、资源协同、流程协同，从而使得整个行业资源得到优化配置。

建筑生态数字化如图2-7所示。

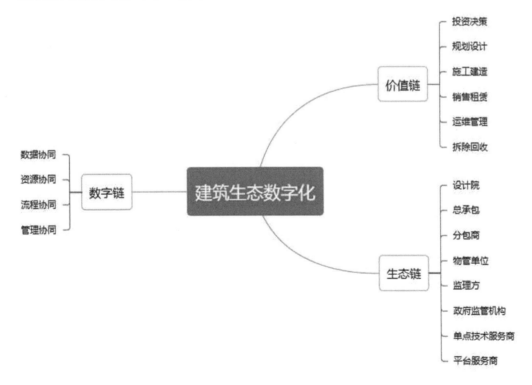

图 2-7　建筑生态数字化

2.4　建筑行业智能建造之术

2.4.1　建筑行业数字化转型的关键：建设企业大脑

我们提到企业数字化转型的愿景是打造企业大脑主动运营或辅助运营的企业，企业大脑是企业数字化转型中形成的重要的企业智能资产。

回顾过去，信息化时代的核心是互联网，进行信息连接是其主要特征；而现在的数字化时代的核心是人工智能，其特征是通过全要素（物理、数字等）的连接，用数字来推动整个世界的变革。对于企业来说，通过企业大脑实现企业主动运营，减少人工干预，使用极优化的方案运营，就是数字驱动企业的终极愿景，也是企业数字化运营的终极目标。

2.4.2　企业大脑：主动运营型企业的指挥中枢

在第1章我们已经进行了企业大脑的初步介绍。关于企业大脑，业界有不同的观点，但有一点是共同的：企业大脑对于未来企业运营来说不可或缺。

我们认为企业大脑是企业级算法、流程、知识、AI能力、AI资源以及决策分析能力的集合，承载在数字中台之上，主动或辅助智能决策和业务自动化，实现企业的个性化、定制化、精细化的生产和服务。企业大脑是企业运营的指挥中枢。

图2-8是企业大脑主动或辅助运营企业的示意图。从整个图来看，这是一个闭环的生产过程。企业大脑包括了算法决策、流程自动化、知识图谱和业务洞察等关键组件和能力。我们以战略为起点，从战略到各类指标分解、指导生产、信息收集、企业大脑处理，再到优化战略，形成一个完整的闭环。

在图2-8所示的闭环中，通过目标和结果数据的不断迭代，持续优化运营方案，企业运营的结果也逐渐逼近最优结果。

德国"工业4.0"中提出的黑灯工厂以及一些无人港口、无人仓库等，可以认为是主动运营型企业的雏形，高度智能化和自动化的京东物流就是一个典型的例子。

近年出现的类似"便利蜂"超市这种高度依赖系统决策分析以人工、执行系统决策为主的企业运营模式，更接近主动运营型企业，企业大脑在其中发挥的作用更大，自动化程度更高。可机械复制的程度越高，越能够解决人力资源不足或人工成本较高情况下的大规模、高效率生产的问题。

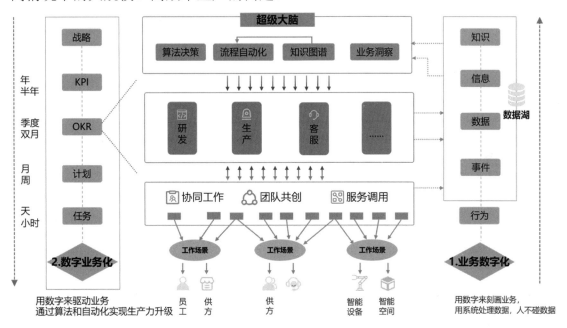

图 2-8　企业大脑运行图

2.4.3　企业架构与中台：企业大脑的顶层设计

在规划设计企业大脑之前，我们首先要明确企业架构、企业大脑和数字化中台的关系。

1. 企业架构（Enterprise Architecture，EA）

从1987年的Zachman Framework开始，企业架构发展了三十余年，有很多专家与组织都试图对企业架构的内涵进行定义。

■　Zachman: 企业架构是构成组织的所有关键元素和关系的综合描述。企业架构框架（EAF）是一个描述企业架构方法的蓝图。

- Clinger - Cohen法案：企业架构是一个集成的框架，用于演进或维护存在的信息技术和引入新的信息技术来实现组织的战略目标和信息资源管理目标。
- The OPEN GROUP：企业架构是关于理解所有构成企业的不同企业元素，以及这些元素怎样相互关联。
- Gartner Group：企业架构是通过创建、沟通和提高用以描述企业未来状态和发展的关键原则来把商业远景和战略转化成有效的企业变更的过程。

国际上的企业框架组织很多，影响力比较大的有Zachman架构框架、联邦总体架构框架（FEAF/CIO协会框架）、欧共体总体框架（TOGAF）等。

业务运营模型的概念对决定组织内企业架构的范围和本质十分有用。大型公司和政府部门可以由多个企业组成，并且可以开发及维护一些独立的企业架构来应对每一个企业的运营。但是，这些企业的信息系统经常存在许多共同之处，因此，使用一个共同的架构框架通常会有大的潜在收获。例如，一个共同的框架能够提供架构库作为开发基础，提供可重用模型、设计以及基线数据。

企业架构如同战略规划，可以辅助企业完成业务及IT战略规划。在业务战略方面，可使用TOGAF及其架构开发方法（Architecture Development Method，ADM）来定义企业的愿景/使命、目标/目的/驱动力、组织架构、职能和角色。在IT战略方面，TOGAF及ADM详细描述了如何定义业务架构、数据架构、应用架构和技术架构，是IT战略规划的最佳实践的指南。企业架构是承接企业业务战略与IT战略之间的桥梁与标准接口，是企业信息化规划的核心。

简单来说，企业架构包括业务架构、数据架构、应用架构和技术架构四个主要组成部分。

2. 企业大脑（Enterprise Brain，EB）

如前文所述，企业大脑主要包括感知、决策、指挥和控制三项主要能力，围绕这些能力所需的数据、算法和计算资源，都属于企业大脑的范畴。而执行者和资源工具则属于大脑范畴之外的内容，正如人体的四肢和消化系统，是大脑支配的对象，也是生命体的重要组成部分，但并不属于大脑本身。

3. 企业中台（Enterprise Middle Desk，EMD）

企业中台是最近几年才形成的一个概念，目前仍然处于快速发展的阶段，后面的章节会对其起源做一些介绍。这里我们更愿意用描述性的语言阐述中台："小前台大中台"的运营模式就是"特种部队（小前台）航母战斗群（大中台）"的组织结构方式，以使管理更加扁平化。十几人甚至几人组成的特种部队在战场一线，可以根据战场实际情况迅速做出决策，并引导精准打击，精准打击的导弹往往是从航母战斗群发射的，提供了强大的火力支援。能够实现这样的作战能力，得益于作战中台（航母战斗群）的支撑，如果中台没有办法承接前线的需求，前线就会不认可它的服务价值。

企业中台对于前台（数字化应用）来说，起到的就是上述作用。

在对企业架构、企业大脑和企业中台有了基本的认识之后，我们从阐述三者关系的角度谈谈企业大脑的顶层设计。企业大脑顶层设计如图2-9所示。

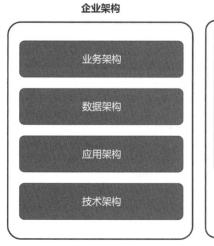

图 2-9　企业大脑顶层设计

我们以主动运营型企业为例来进行介绍。首先，企业大脑是主动运营型企业的核心要素。企业大脑负责感知企业运营态势，根据内外部环境做出决策，并形成指挥和控制指令，通过执行者、资源和工具来实施。在一些场景下，企业大脑能够自主运营车间、港口、仓库以及超市等。

其次，企业架构是对企业整个信息系统进行描述的一种方法，将企业架构分成四个部分以便于进一步分解。企业架构能够指导设计数据模型、应用系统以及制订技术方案等。企业大脑包含在企业架构中，只是企业架构的特定元素，企业大脑的出现并不会在很大程度上改变企业架构。

最后，企业中台是一种具体的实现方式，中台架构比企业架构要低一个层次，是企业架构之下的内容，中台架构更像是一种设计模式，并不会对企业架构的整体定义带来影响。至于企业中台的种类划分，不同规模和业务特点的企业会有不同的划分方法。我们这里按照比较通用的企业类型将企业中台划分为业务中台、数据中台、AI中台和技术中台，也有一些企业会从AI中台中再分出知识中台（知识图谱）等。

2.4.4　数字中台：企业大脑的物理载体

企业级数字中台承载了企业大脑的物理和逻辑实现，它涉及顶层设计、现状评估、方案设计、技术实施、组织保障等多个方面。企业级数字中台如图2-10所示。

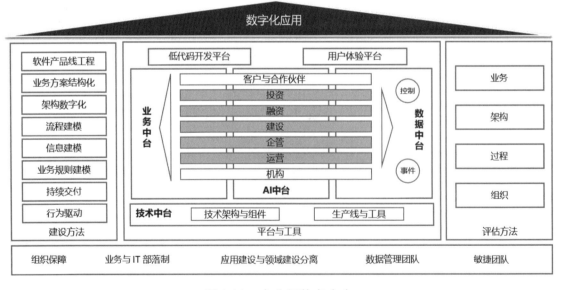

图 2-10　企业级数字中台

1. 建设方法

数字中台的建设方法首先要解决中台与应用之间的关系问题。借助软件产品线工程，将软件的研发分为领域工程、应用工程两部分，领域工程提供可重用的服务，应用工程基于可重用服务实现个性化业务。在此基础上，在数字化应用的建设过程中，对企业业务对象、业务流程、业务规则进行数字化，就是以结构化方式描述业务对象、业务流程、业务规则，并在业务方案、业务需求、设计、开发、测试等环节中使用，以改变传统软件研发过程中的文档和代码方式，减少信息传递的损耗，提高可重用的能力。数据是数字化转型的核心资产，为了提高数据质量，发挥数据价值，数据治理成为中台建设的一个重要工作，通过数据治理实现数据的平台化、资产化，进而提供数据服务能力。DMM定义了数据管理的评估体系，可以作为数据治理的框架。

持续交付与行为驱动的理论为软件测试回归与快速发布提供了理论基础，敏捷研发的方式保证了数字化应用与数字化中台建设的交付效率与质量。

2. 平台与工具

数字化不是信息化，信息化时代的ERP（Enterprise Resource Planning，企业资源计划）、CRM（Customer Relationship Management，客户关系管理）、银行核心系统等软件是事后记录的系统，还不能用来具体指导业务。而数字化软件必须将更多的人和设备整合进来，用来具体指导行动。这种具体指导，在实现层面看就是对业务对象、业务流程、业务规则的数字化。简单来说，数据中台是对业务对象全要素的数据连接（包括传统系统、外部应用），提供业务对象完整的数据视图和数据服务；业务中台则是通过流程整合实现端到端的、柔性的业务流程框架，帮助数字化应用快速实现个性化需求；AI中台则是通过人工智能的手段，积累与优化业务规则。业务中台、数据中台、AI中台是一个大的分类，实际上应该按照业务全流程划分为不同应用的中台。对于建筑企业来说，一个比较简单的方法就是按照"投资、融资、建设、管理、运营"等数字化转型环节进行划分。技术中台同样利用中台架构的理念，对基础设施进行整合，提供软件研发的端到端流程，提供适合本企业的技术架构与技术组件，提供生产线与工具以提高软件研发的工程化能力。

基于中台的可重用服务能力，还需要低代码开发平台和用户体验平台来快速实现数字化应用：

数字化转型过程中，企业需要更多的数字化人才，将自己的知识与创造沉淀在数字化系统中。改变传统的业务部门提出需求、专业化的程序员进行业务实现的模式，因为随着数字化转型将更多的人、流程、设备卷入数字化系统中，企业不可能有那么多专职的程序员岗位，而需要让更多有编程思维、有业务经验的人具备数字化应用开发的能力，成为数字化人才。低代码开发平台提供了一个便捷的工具，基于中台业务对象、业务流程、业务规则的可重用服务能力，让数字化人才只需要具备编程的思想，而不再需要了解诸多技术细节，就可以进行数字化应用的开发，自助式实现业务创新。对于必须进行代码开发才能够解决的问题，也可以通过低代码平台与高代码开发的研发流程相互打通，实现更透明化的软件研发。

数字化应用的使用模式强调多维度的用户体验，与信息化应用线上审核/线下沟通的模式不同，它需要具备社交化协同的能力，例如在线的评审会议、在线的头脑风暴会议、随时随地基于工作内容的沟通、按事项组织的讨论群等。同时人与数字化应用交互的模式也不仅仅是表单、表格、报表等单向的录入与呈现，而是利用2D、3D等模式与数字化模型打通，基于虚拟现实环境进行交互。

3. 评估方法

中台建设成熟度评估是寻找中台建设从不成熟到成熟的规律的重要手段，有助于企业认清自身状况和未来发展方向。根据我们的经验，参考软件产品线工程理论、CMMI成熟度模型，将评估分为业务（如何从中台获利，包括业务的愿景与战略、融合创新机制等方面）、架构（中台构建的架构、相关管理与可重用组件能力）、过程（基于中台进行数字化应用研发的流程）、组织（角色和职责到组织结构的实际映射）四个方面。制定的中台建设的评估模型，每个方面也分为5级，这个模型我们称之为BAPO（Business、Architecture、Process、Organization）模型。通过这个模型提供了一个过程能力阶梯式进化的框架，可以对中台建设进行全面且深入的评估。

4. 组织保障

中台建设是为数字化转型服务的，这里的组织保障与其说是中台建设的组织保障，不如说是中台模式下数字化转型的组织保障。

首先是业务与IT的部落制。目前经常有业务部门认为"科技人员+外部伙伴"那么多人，需求却总是做得很慢，而科技部门面对的情况却是每个需求到自己手里时都十万火急，工作堆积成山，不断加班加点工作也很难做完。其核心原因是业务和科技部门职责独立，业务与科技之间层层沟通的成本过高。科技敏捷转型首先从建立对齐业务的科技部落制开始。部落是一种虚拟机制，原有的科技职能部门依然存在，主要成员被分配进部落，每个业务部门都有唯一对接的需求受理部落，负责方清晰，沟通线路变短，优先级排序流程简化，大幅缩短了过往占比最高的需求澄清时效。坦率地说，部落制只是解决一时之需，长远看科技与业务一体化才是最终的方向。

数字化应用的开发团队与基础能力的开发团队需要分离，也就是应用建设与领域建设分离，后者关注可重用服务能力的开发，主要采用高代码开发的模式，而前者的开发基于中台的可重用能力。

每个科技团队的组织方式应该是一个敏捷的团队方式，按照两个"披萨饼"原则建立，将角色分为RDT（需求、开发、测试），同时为团队建立外部顾问机制，包括业务方案、架构设计、技术专家，把多个小团队组织为一个大团队。

数据治理中经常遇到的问题是没有人为数据负责，例如数据的标准应该由业务部门负责，可是业务部门经常反馈不懂技术、不懂IT，这样就应该在业务部门设置数据管理团队，负责制定数据标准，提高数据质量，例如很多大银行会计部的信息中心负责数据标准的制定。

2.4.5 数字空间：企业实现数字中台的基础

狭义的数字化主要是利用数字技术，对具体业务、场景的数字化进行改造，更关注数字技术本身对业务的改进作用。广义的数字化则是利用数字技术，对企业、政府等各类组织的业务模式、运营方式进行系统化、整体性的变革，更关注数字技术对组织的整个体系的赋能和重塑。

信息技术的本源就是通过不同的技术处理业务流程和业务数据，产生不同类型的应用。

但是，在信息时代，强调的是"流程"能力，管理的流程化是重点，强调无论何人、何事、何地都能够选择到合适的流程来执行。信息化系统更像是数据记录的系统，人工输入数据后，把流程轨迹和录入的数据记录下来。

数字化强调数据处理能力，数据赋能是关键。其实，信息本来是基于原始数据进行加工得到的结构化后的数据，但是由于技术跟不上，只能有限度地采集数据，因此只能在流程上下功夫。数字化技术（5G、人工智能、BIM、物联网）的应用，使得物理世界的事物可以在虚拟空间产生"数字克隆体"，让在虚拟时空交易、现实时空交付成为了可能。

通过数字化应用，我们能够完全看得见、看得懂工程项目、企业管理的人和事，以及他们的演化关系，各项工作全程可见，高度协同。数字化、信息化、智能化是技术应用的不同侧面，以技术促进业务：数字化就是让数据可采集，让传统隐性的事物显性化；数据化就是让数字可识别，把显性的东西结构化；信息化就是流程化，将标准的东西固化下来；知识化就是可复制，将验证的东西经验化；智能化就是自动化；智慧化就是替人思考。

技术是数字化转型的支撑力量。数字化技术的采用，首先解决了把数据"集"起来的问题，可以有很多的应用场景。但也要看到，和信息化时代早期一样，由于缺少顶层设计，因此数字化又会出现新的数字、信息孤岛。这些孤岛本身的数据量远大于从前，不可能像传统系统那样重复录入；这些数据的关联度也远大于从前，不把数据连接起来会造成片面理解，给工作、决策带来偏差；这些数据的源头也更复杂，标准不一致，不及时治理就是数据的沼泽。总之，不及时合理应对，就无法实现数据的协同，也就不能发挥数据的价值。

面临这样的复杂问题，我们需要建立一个体系，以便系统性地解决问题。数字空间就是系统化、工程化解决数据协同的体系。

这个体系首先是一个融合的数据库，应该覆盖面向每一个问题所需要的全面、准确的数据。需要将来自各方面"集"得的数据"连"起来，是各方面数据交换的枢纽，集成管理信息、城市信息、建筑信息、社会信息、位置信息，成为多维度、多层次、多模型融合的数据集合。

其次，这个体系是一个数据的提供者，系统化能够为各项工作提供点、线、面、体的多维度数据，规范化从数据需求提出、数据共享交换、数据加工计算到数据服务交付的过程，为企业识数、用数提供便利的平台。

再次，这个体系也是一个数据可视化的平台，通过可视化让不同人从不同角度看明白事情的来龙去脉，看清楚事情的结果和趋势，让沟通不再困难。

本质上，数字空间是企业的数据架构，是企业数字平台建设中数据中台的体现，是数据工程化应用的平台。

第 3 章

建筑企业数字空间

3.1 数字空间的理论基础

3.1.1 物理空间、虚拟空间和数字空间

有人将数字空间定义为一个虚拟空间，一个以互联网技术为基础，结合云计算、人工智能、物联网技术形成的线上空间。这个概念笔者认为不够全面，我们认为数字空间是由虚拟空间构成的，但更像是一个虚拟空间的升级版。

由物理空间通过数字孪生的方式复刻的一比一的虚拟空间，再加上企业运营的数字原生（人、组织、资金、账户）体系，共同构成了数字空间。

在深入理解数字空间之前，先要厘清几个概念。一般而言，我们所接触的空间分为三个维度，一个是物理空间，一个是虚拟空间，一个是数字空间，如图3-1所示。

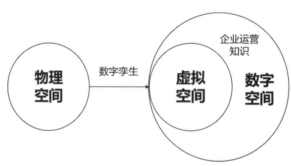

图 3-1　物理空间、虚拟空间和数字空间

第一个维度是物理空间，是我们真正生活的这个现实世界的空间，在这里我们可以真实地看到、听到、闻到、触摸到世界的万物，经由大脑形成真实事物的画像。

第二个维度是虚拟空间，与物理空间相对，可以看作物理空间的"投影"。通过数字孪生的方法将所有的人、物、事"数字化"，即构成与真实空间相对应的虚拟空间。在虚拟空间中，只要构建对应的模型，真实物理世界的万物就都可以找到其投影，通过物联网技术采集物理模型的各种数据，使用这些数据在互联网端打造一个与该物品一模一样的数字体。在虚拟空间中，物理世界物体的实时状态可以投射到数字实体上，我们可以实时观察数字实体的状态和运行情况。

2021年9月，2020年迪拜世博会正式拉开帷幕。为克服新冠肺炎疫情的影响，让更多观众感受世博会的精彩，迪拜世博局开通了网上世博会。世博会中国馆积极创新参展形势，建设了"云上中国馆"，于10月1日开馆并同步上线。这就是虚拟空间的典型应用。

"云上中国馆"借助VR采集设备"伽罗华"和云端算法来实现，1∶1完美还原现实场馆。观众点击地面点位和展区标签就能实现移步换景，远程实景领略中国馆风采，同时还能收听语音、观看视频，如图3-2所示。"云上中国馆"在线向观众展示了中国在航天探索、信息技术、现代交通、智慧生活等方面的发展成果。

图 3-2　虚拟空间示意

第三个维度是数字空间，可以看作虚拟空间的进阶版。大量新的知识被加入进来，在数字空间中不但可以通过"投影"实时观察数字体的运行情况，监控各种运行参数，还可以对其参数和状态进行改变，通过人工智能、大数据、仿真模拟的手段对虚拟世界进行更进一步的模拟推演，根据推演结果选择最优方案，并通过连接和控制装置对物理世界产生反馈。

对于企业的数字空间而言，可以直接加入企业运营知识，包括企业运行状态、产品的销售状态、上下游供应链的状态、行业生态，通过与虚拟空间已有的设备运行状态建立关联，便可以反映企业的整体运行和运转情况。

对于社会的数字空间而言，数字空间不但有虚拟空间的视觉、听觉，还可以将所有的嗅觉、触觉以及物理空间的各种商业行为都转化为知识，一起注入虚拟空间。在数字空间发生的一切可经由传感系统对物理空间进行反馈，如果在数字空间中受伤，那么在物理空间中也会感受到疼痛。

在史蒂文·斯皮尔伯格执导的电影《头号玩家》所打造的虚拟游戏世界"绿洲"中，人们只需要头戴VR头显，手戴触感手套，脖挂情绪控制器，脚踩VR跑步机，就可以在虚拟世界中尽情畅游，实现全方位的沉浸感，与虚拟世界进行交互（包括视觉、听觉、触觉、嗅觉等），如图3-3所示。

图 3-3　数字空间示意

《黑客帝国》中的Matrix，是一个由计算机建立的庞大系统，在这里，人类的身体被放在一个盛满营养液的器皿中，身上插满了各种插头以接收电脑系统的感官刺激信号，人类就依靠这些信号生活在一个完全虚拟的计算机幻景中。这些都为我们描述了未来数字空间的场景。

3.1.2　数字空间的运行逻辑

要弄清数字空间是如何运转的，可以先思考一下物理空间是如何运转、控制的。借用控制论中较为成熟的观点，将物理空间中的每一项事物都看作一个系统，根据控制学理论可以分为探测器、控制器、鉴定器和效应器四种结构。其中，探测器主要负责展示和收集物体的实际状态信息，控制器主要用于处理信息，效应器用于在必要时改变行为，鉴定器的作用是与标准进行对比。

系统通过探测器实时收集信息并传入控制器中，控制器通过鉴定器与对应的标准进行对比，以查看目前系统的状态是否正确和稳定，如果发现答案是否，则需要发出指令，通过效应器来改变行为，再将改变后的结果传送给控制器，如图3-4所示。

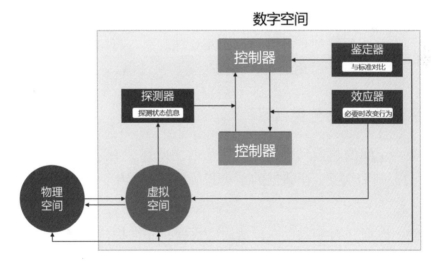

图 3-4　数字空间的运行逻辑

由此可见，数字空间的运行逻辑是通过对信息的采集（探测器）和解读（鉴定器），来达到对物理空间的交互（效应器）和控制（控制器）。

同理，如果物理空间映射到数字空间，其底层逻辑则应该包含采集、解读、控制、交互的过程。要想深入理解数字空间如何运转，可以先从人的大脑是如何思考问题、产生行动开始。

以人学开车为例。首先，需要去驾校学习课程，听教练讲解，了解汽车的主要部件的功能，比如发动机是汽车的核心装置，可以产生动力，带动车子向前跑；方向盘可以向左或者向右转动车轮，控制方向；油门可以给发动机加油，使车跑起来；刹车可以产生制动，使车停下来；雨刷按钮可以启动雨刷，在下雨天的时候刮去挡风玻璃上的积水。这就是采集的过程。

其次，大脑会对这些信息和数据进行加工解读，并理解为：用右脚踩油门可以让车跑起来，用右脚踩刹车可以让车停下。当需要车跑起来时，大脑给脚发送信号，用右脚踩油门；当需要刹车时，大脑给脚发送信号，右脚松开油门然后踩刹车。这就是解读的过程。

再次，大脑会将这些解读的结果传递到身体的各个部位，需要向左转的时候，手会向左打方向盘，而其他部位不会动。这就是控制的过程。

最后，我们会不断收集道路的路况数据，结合已有的对汽车操控的理解，便可以知道，遇到红灯需要踩刹车，遇到行人需要踩刹车，离树太近了需要踩刹车，前面的车停住了也需要刹车避免追尾。这就是交互的过程。

3.1.3 数字空间的数据分类框架

数据是数字空间的起点和驱动介质，如前文所述，有了对数据的采集和解读，才有对空间的控制和交互。在数据的采集和解读的过程中，需要从多个角度对数据进行分类。

这里我们把数据分为模型数据、结构化数据、非结构化数据三大类，其中，结构化数据又可分为元数据、分析数据、观测数据、事务数据、规则数据、参考数据和主数据。数字空间的数据分类框架如图3-5所示。

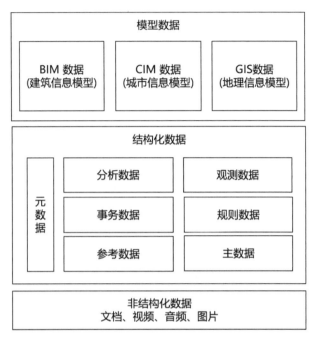

图 3-5　数字空间的数据分类框架

1. 元数据

元数据是"关于数据的数据",是数据模型定义的结构化呈现,人们通过元数据了解数据的含义、形态、特征等要素信息。元数据是数据资产对象结构的承载,可对数据架构的模型体系、分布关系、集成过程等进行结构化定义与呈现。

2. 分析数据

分析数据是对数据进行加工处理后用作业务决策依据的数据。它可以支持报告和报表的生成。

用于报告和报表的数据可以分为以下几种:用于报表项数据生成的事实表、维度数据,用于报表项统计和计算的统计函数、趋势函数及报告规则,用于报表和报告展示的序列关系数据。

用于数据分析的模型,包括维度事实模型(多维模型)、图模型、指标模型、算法模型等。

3. 观测数据

观测数据是通过各类软件或者物联网设备对观测对象进行观测所得的数据,观测数据的对象是人、机、物、料、环。相比传统数据,观测数据的特点是数据量大而且是过程性的,由机器自动采集生成。

如果观测数据的采集来源是软件,那么它通常不依赖物理设备,一般是自动运行的程序或者脚本;如果来源于物联网设备,那么收集对象一般是物理空间中物理实体的信息数据,通过这类采集可以将物理空间的实体转换成数字空间的数据。

观测数据的特点如下:

(1)观测数据一般数据量很大,而且是过程数据,主要用于监控分析,比如视频监控设备采集的视频数据,操作系统产生的日志数据。

(2)观测数据由机器自动采集生成,比如由各种传感器或者探针记录观测对象产生的数据。

(3)观测数据是观测工具采集的原始数据,仅转换结构和格式,不做任何业务规则的解析。

4. 事务数据

事务数据在业务和流程中产生,是业务事件的记录,其本身就是业务运作的一部分。事务数据是具有较强时效性的一次性业务事件,通常在事件结束后就不再更新了。

因此,事务数据的管理重点是管理好事务数据对于主数据和基础数据的调用,以及事务数据之间的关联关系,确保上下游信息传递顺畅。在事务数据的信息架构中,需要明确哪些属性是引用的其他业务对象的,哪些是其自身特有的。对于应用的基础数据和主数据,要尽可能调用而不是重新创建。

5. 规则数据

规则数据是结构化描述业务规则变量的数据,是实现业务规则的核心数据,如业务中普遍存在的基线数据。

规则数据的管理是为了支撑业务规则的结构化、信息化、数字化，目标是实现规则的可配置、可视化、可追溯。

业务规则在架构层次上与流程中的业务活动相关联，是业务、活动的指导和依据，业务活动的结果通过修改业务活动的相关业务对象的属性来记录。业务规则通过业务活动对业务事实、业务行为进行限制。

6. 参考数据

参考数据通常是静态的外部通用数据，是不随公司实际业务发生变化的数据，比如国家代码、行政区号、币种及汇率、国际通用规则等。参考数据是内部与外部协作的关键点，管理的核心在于时刻需要遵从和外部世界的统一性。管理参考数据的部门需要时刻关注业务规则的变化，重点在于变更管理和统一标准管理。

7. 主数据

主数据是参与业务事件的主体或资源，是具备高业务价值、跨流程和跨系统重复使用的数据。

传统上，主数据的定义相对模糊，它与事务数据相对应，指的是那些对时间不敏感的数据。例如，订单和时间密切相关，因此属于事务数据；而组织、人员和物料则不随时间变化而缓慢变化，不与时间密切相关，因此属于主数据。然而，这种定义不够准确，在建筑行业，人们正在讨论合同是否应该被视为主数据。为了实现数据共享，一些企业也将合同数据视为主数据。尽管如此，这种分类的性质可以帮助我们更好地理解主数据的特征。

主数据应代表企业某个业务对象的唯一实例，以对应真实世界的对象，重复创建实例将导致数据的不一致，进而影响业务流程以及最终生成的各类报告。

一数一源。为确保数据跨系统、跨流程的唯一性和一致性，需要针对某个元数据或者数据指定单一数据源，如人员基本信息以人力资源系统为唯一数据源，客户基本信息以CRM中的客户关系管理系统为唯一数据源。

8. 非结构化数据

非结构化数据主要指相关的文档、图像、音频和视频，与结构化数据相比，它更难理解和标准化，因为在存储、检索时需要相应的智能化的IT技术与之相配。

9. 模型数据

模型数据就是物理世界的空间和物理实体在虚拟世界的"数字克隆体"。对于建筑行业而言，包括建筑信息模型BIM数据、城市信息模型CIM数据、地理信息模型GIS数据。对于制造业，BIM模型贯穿建筑物设计施工运维的全流程。

因为模型数据被存储为一个或者多个文件，所以往往被看作非结构化数据。实际上，模型数据（例如BIM模型）本身是结构化的，而且具有良好的扩展性，文件只是它的一种存储形式。

这里我们将模型数据单独分类。本书3.3.2节将介绍数模分离的方式，这是一种将模型数据与传统结构化数据联动的方式。

3.1.4 数字空间的工程化管理特征

1. 多维度虚拟数据聚合

数字空间区别于物理空间最主要的特征之一便是多维度虚拟数据的聚合。在理解数字空间的多维度聚合的问题之前，先举个例子，聊聊Office办公软件套装中的Word、Excel和PPT有什么样的区别与联系。答案可能五花八门，但以下答案最优：Word是一维的瀑布式文字表达，内容发散，比较主观；Excel是二维的结构化数据展示，有行有列，非常规范；PPT是三维或以上的综合性演示，有文字、表格、图形（点线面）和颜色等n维逻辑，可以为主体演讲提供更多方面和层次的表现力。

物理空间一般是低维的，而随着数字空间的建设，数据维度得到进一步的扩充。由于其特性可以通过聚合更多数据来直观地展现更多维度。例如可以用长、宽、高这三个维度来描述大多数物理空间的物体，如图3-6所示。

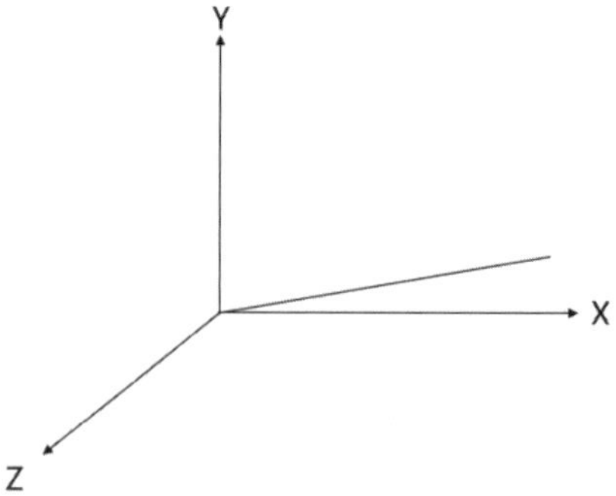

图 3-6 基础几何维度

工程制图对于物体的描述更丰富一些，加入了视图维度。视图维度包括基本视图和辅助视图，其中基本视图包含仰视图、右视图、主视图、左视图、后视图和俯视图六个维度，如图3-7所示；辅助视图包含局部视图、斜视图和向视图等[1]，如图3-8所示。

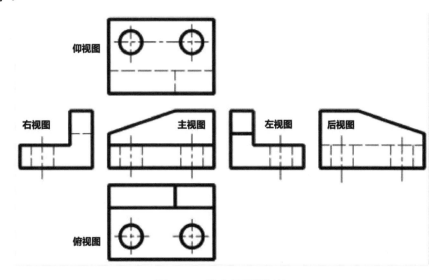

图 3-7 基本视图维度

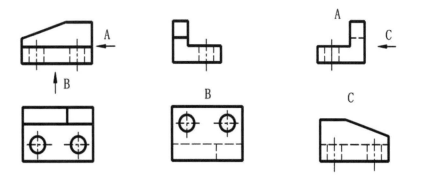

图 3-8 辅助视图维度（向视图维度）

而数字空间可以增加更多的维度，因此可以展现更加丰富的物体特性。如在数字空间中，不但可以有几何维度、视图维度，还可以包含旋转矩阵维度、自由度维

1 黄琳莲，袁彬华. 机械零件几种常用表达方法异同点的探究[J]. 南方农机，2022，53（14）：195～198

度等。这些都是在传统物理空间很难形象表示出来的维度，但在数字空间中都可以方便、直观地展现出来，如图3-9和图3-10所示。

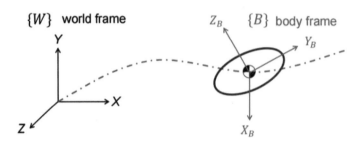

图 3-9 数字空间维度（自由度维度）

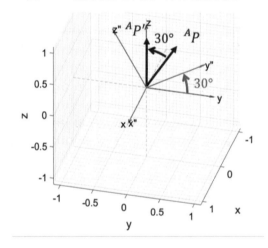

图 3-10 数字空间维度（旋转维度）

在数字空间中，通过更多的展现维度，不但可以看到物体现在的状态，还可以看见物体的过去和未来。

2. 分布存储、集中管理的分离式架构

数字空间中的数据特征之二便是多空间分离数据存储。由于分布式计算以及分布式数据存储技术的发展，在数字空间中，并不需要一个"超级硬盘"来存储所有数字空间的数据，数据是分布式存储于多个不同的物理地址中的，数字空间将这些数据进行集中计算和集中展示。就用户的感受而言，在同一界面虽然可以看到数字

空间的全量数据，但真实的数据并未集中到同一个数据库中，而是分布式存储在不同的数据库中。数字空间的数据存储方式可以概括为物理上分布、逻辑上集中，这也是下一代数据存储架构的演进方向，可以称之为分离式的架构。

3. 多系统全量数据连接

华为的数字化转型必修课曾经举了这样一个例子：我们在机场都有这样的体验，如果飞机落地后可以直接停靠在廊桥，就可以减少乘客乘坐摆渡车的麻烦。对于机场而言，如何提升乘客体验、提高飞机的靠桥率就成为急需解决的问题。

以深圳机场为例，以往的飞机停靠主要依靠人工操作的ORMS系统（运营资源管理系统）分配机位，该套系统主要采集的是机场的静态数据，如机位数据、机位配置数据、航线方向、旅客信息等，但由于航班延误、机位配置等数据经常发生实时变化，因此导致实际使用过程中，230个可用机位中廊桥机位仅占25%，剩下75%都是需要乘客乘坐摆渡车的远机位。但后来通过AI智能调度系统，在以往静态数据的基础上连接了飞机的航空器信息、地服信息、滑行信息以及跑道助航灯信息等动态数据，机场可以基于飞机的实际运行状态更加准确地对廊桥机位进行调度。加入了动态数据进行实时计算，使深圳机场的廊桥停靠率提高了10%，每年让超过260万的人省去乘坐摆渡车的麻烦。

4. 多版本动态数据管控

数字空间中的又一重要数据特征便是通过加入时间基线使得数据由单一版本的静态数据变为多个版本、多个状态、多个时间线的动态数据，不同时间线的数据都是相互连接的，而且可以随时互相被调用、被感知，做到全量、全要素的连接和实时反馈。通过动态数据的多版本管控，可以让数字空间进化为一个智能体。

举个建筑的例子，对于一栋建筑的同一个构件，如果只是静态数据，那只拥有一套描述，如构件的长、宽、高、颜色、材质等。但是如果构件放进建筑的数字空间中，与建筑全生命周期进行关联，那就会拥有更多版本的动态数据，主要可以分为设计态、建造态和运维态。

- 构件的设计态数据用于描述构件在设计过程中的相关参数，比如构件的结构、材料、尺寸、颜色、位置，以及构件的供应商、构件的力学及性能参数等数据。

- 构件的建造态数据用于描述构件在生产过程中的相关参数，在建造过程中会描述构件是在哪个工厂哪条生产线生产的、运到哪里进行装配、项目的负责人是谁、该构件施工人员是谁、组装时需要其他哪些辅料、组装过程的施工要求等。

- 构件的运维态数据用于描述构件在运维过程中的相关参数，在运维过程中会描述构件在使用过程中需要注意的事项、后期如何进行运维保养、如何通过传感器监测构件的使用状态、构件老化预警等信息。

3.1.5 基于数字空间的数据应用

数字空间通过将所有物理世界的数据进行聚合、处理、分析和输出，可以更好地处理跨域关联数据。数字空间的以上四个过程在运转过程中会产生对应的采集数据、解读数据、控制数据和交互数据。

- 采集数据指通过各类设备及物联网传感器采集到的原始数据。

- 解读数据指通过一定程序和算法将原始数据进行清洗、加工、转换、计算后得到的数据。

- 控制数据指对外部物理世界进行控制、改变所需的数据。

- 交互数据指融合了各类行业外数据后，经过进一步加工得到的、具有感知预测功能的数据。

下面以气象数字空间为例，解释这几类数据的来源和用途。

1. 采集数据

气象的基础数据特点是数据量非常大且非常复杂。基础的采集一般通过固定或者流动地观测各类气象观测站获取，如通过地面站、探空站、测风站、辐射站、农气站等取得的雷达数据、卫星数据等与天气和气候相关的数据。气象观测站中温度、湿度、气压、风向、风速等物理量均由电子控制的机械设备采集完成，这些观测站配有嵌入式芯片，芯片上有一个精确的时钟，可以准时地开展周期性工作。例如每隔5分钟、10分钟或1小时自动采集周围的环境数据，并自动将采集的气象数据编码为二进制数据流发送到数据库中。截至2021年年底，我国大约有70000个这样的地面观测站，目前所有观测站均为自动站。雷达数据和地面气象观测数据都是先收集到各省级信息中心，然后由各省级信息中心上传到国家信息中心，卫星数据主要由国家卫星气象中心地面接收站收集，然后传送到国家气象信息中心，最后由国家气象信息中心分发到各业务单位使用。

2. 解读数据

气象的解读数据一般指通过气象的基础数据建模、理解、挖掘、计算、分析、预测得到的数据。例如我们常见的天气预报，它就是由高性能计算机根据当前天气实况数据（包括地面、高空、卫星等）通过物理方程计算得出的。输入已知的天气现象基础数据，就可以得到未来还没有发生的天气现象的解读数据。计算出的天气预报结果通常以规则的等经纬度网格来表示，网格上的每一个点代表这个经纬度上未来某时刻某个物理量（比如温度）的数值。这就是现代天气预报业务的基础，叫作"数值模式预报"，气象系统的解读数据又称为模式数据。所有的发达国家都有自己的一套用来演算天气情况的模式系统，有的国家甚至还具有不止一套的系统。模式系统一般每天计算2～4次，通常在整点开始，利用整点前采集到的实况数据进行计算，每次计算要生成大概几百个物理量，包括从开始计算的时刻（又称作"起报时刻"）至未来240小时时效（或更长）的一系列二进制网格数据，预报时效通常间隔3小时。目前气象网格经纬度间距一般在0.25度数量级，一个网格文件大小通常在1～2兆，包含几十万个浮点数值。

3. 控制数据

气象的控制数据是指根据气象的解读等数据产生的对物理世界进行控制的数据。如一种自动灌溉系统，会根据温度、湿度、预测的气象以及土壤的含水率等数据，通过控制系统自动打开或关闭灌溉的阀门，以控制对农作物进行灌溉。

4. 交互数据

气象的交互数据是指气象的解读数据结合外部数据所得到的新数据。气象部门会通过数据交换、数据购买等途径获得一些外部数据，如手机温湿度、气压传感器、路面摄像头图像天气识别等数据。由于新技术产品的不断涌现，新型的智慧气象的数据来源途径越来越多，气象部门也在不停地扩充自身收集行业数据的能力，以便为大众提供更好的气象服务。

比如，我们早上刚起床的时候，"穿衣指数"这样的一个产品就会告诉我们应该穿什么样的衣服；当我们驾车出行时若有冰雹等强天气，它就会提醒我们把汽车停到地下车库；当地面出现积水的时候，气象交互数据会提醒我们应当躲避这样的路段。又如，江苏省气象局结合法国梧桐树生长信息、气象要素，运用遗传算法对数据进行处理，对南京54条主要道路的法国梧桐飘絮情况开展预报，从而对过敏人群的出行防护进行提示。此外，通过数据交互可以实现针对不同受众的精准天气预报，如基于人工智能和大数据技术研发的、精确到乡村的分钟级降水预报产品，可以实现预报在我们的西南方向2公里有中雨、10分钟以后雨停、30分钟以后会再下雨等信息。

3.2　建筑行业数字空间的核心要素BIM

3.2.1　从 MBD 到建筑信息模型

后工业化时代，发展数字经济是建筑行业发展的趋势，这是建筑业高质量发展的基本特征。借鉴制造业的发展经验，建筑信息模型技术（BIM）结合基于模型的定义（Model Based Definition，MBD），可以促进建筑业数字空间建设的理论实现。

在多品种大批量混线加工的智能工厂中，基于多维融合的数字化生产线智能化仿真模型的构建和重构已经成为了迫切需求。在仿真模型建立的过程中，会涉及混线加工生产过程中存在的实体单元，它的数据是全要素、全流程、全业务的，而且具有多源异构、高维、动态等特点。基于以上数据的特点，使得现有的仿真应用中多层次多维度模型的智能构建和重构研究面临困难[2]。

为了发挥计算机在设计、生产中的潜在价值，突破二维图纸的束缚，迫切需要三维乃至多维认知将原本处在辅助地位的三维模型提升到设计、生产中的主导位置。MBD技术在这一背景下应运而生，它是CAD/CAE/CAPP/CAM等技术积淀的成果。

2　李杰，肖成，张浩等. 基于BIM扩展MBD的智能工厂虚实融合应用研究[J].机械工程与自动化，2022，No.231（02）：7～9+13

MBD技术最早被应用于航空工业中,波音787客机正是基于MBD技术进行设计与制造的产品。

　　基于模型的定义是制造业中数字化产品定义的技术,其核心是通过一个三维模型集成设计、生产过程中产品信息,并以模型化的形式组织产品信息,实现多维异构工艺信息的结构化。三维模型的直观可视化被充分利用在产品信息的表达上,基于MBD的三维模型不仅能展现工艺产品的最终状态,还能展现生产过程中的产品中间状态,体现了工艺的动态性。MBD不是将产品设计、生产信息进行简单堆砌,而是通过模型化的形式进行组织,其中不仅包括产品本身的三维设计信息,还包含材料属性、工艺路线、技术规范、质量要求等多方面的属性信息,这些信息构成了基于模型的产品定义数据集合。MBD数据集是由产品制造全过程中各参与方共同管理的,不同参与方添加的数据以及使用的数据各不相同[3]。

　　传统MBD技术在运用MBD模型指导生产制造进行装配工艺流程规划时,往往仅限于产品模型几何信息及非几何信息之间的传递,缺乏与制造环境、制造过程之间的数据关联;在产品设计的全生命周期管理中,产品数据、工艺数据与制造环境数据、制造设备数据之间的信息分割会极大影响产品设计制造管理的版本管理、更改管理和有效性管理,因此对MBD模型进行制造环境和制造过程相关数据的扩充具有重大意义。扩充MBD模型可以促进其制造模式向制造设备、环境、过程融合的智能化制造转型,对此BIM可以提供有效的技术支撑。

3.2.2　建筑信息模型的定义

　　对于BIM的概念范畴,目前相对完整的是美国国家BIM标准(National Building Information Modeling Standard,NBIMS)的定义:"BIM是设施物理和功能特性的数字表达;BIM是共享的知识资源,是分享有关这个设施的信息,是为该设施从概念到拆除的全生命期中的所有决策提供可靠依据的过程;在项目不同阶段,不同利益相关方通过在BIM中插入、提取、更新和修改信息来支持和反映各自职责的协同工作"。

---

3 黄星. 基于MBD的施工工艺流程数字化研究[D]. 南昌大学, 2021.DOI:10.27232/d.cnki.gnchu.2021.003438

BIM是基于最先进的三维数字设计和工程软件构建的"可视化"数字模型，为设计师、建筑师、水电暖铺设工程师、开发商乃至物业维护等各环节人员提供"模拟和分析"的科学协作平台，帮助他们利用三维数字模型对项目进行设计、建造及运营管理。其最终目的是使整个工程项目在设计、施工和使用等各个阶段都能够有效地实现建立资源计划、控制资金风险、节省能源、节约成本、降低污染和提高效率，从真正意义上实现工程项目的全生命期管理。

国内外BIM技术在规划、设计、施工和运维等不同阶段的应用情况在不断发展和进步，未来趋势主要包括以下几个方面：在移动终端的应用、无线传感器网络的普及、数字化与云计算的应用、扁平化协同模式的创新与发展。

3.2.3 建筑信息模型的特征

BIM是一种以软件平台为基本支撑的全新的管理技术流程，具有可视化、参数化、仿真性、协调性、可出图性的特点。

1. 可视化

1）设计可视化

设计可视化即建筑与构件在设计阶段以三维方式直观地呈现出来。设计师能够运用三维思考方式有效地完成建筑和结构设计，同时也让业主真正摆脱技术壁垒限制，随时可直接获取项目信息，方便业主与设计师之间的交流。

2）施工可视化

施工可视化包括施工组织可视化和复杂构造节点可视化。

- 施工组织可视化即利用BIM工具创建建筑设备模型、周转材料模型、临时设施模型等，以模拟施工过程，确定施工方案，进行施工组织。可以在计算机中进行虚拟施工，使施工组织可视化。

- 复杂构造节点可视化即利用BIM的可视化特征，将复杂的构造节点进行全方位呈现，如复杂的钢筋节点、幕墙节点等。此外，还可以将这些节点制作成动态视频，以便于施工和技术交底。

3）设备可操作性可视化

设备可操作性可视化即利用BIM技术对建筑设备空间是否合理进行提前检验。如建造某项目生活给水机房，先构建其BIM模型，然后通过该模型制作多种设备安装动画，不断调整，从中找出最佳的设备安装位置和工序。

4）机电管线碰撞检查可视化

机电管线碰撞检查可视化即先通过将各专业模型组装为一个整体BIM模型，使机电管线与建筑物的碰撞点以三维方式直观显示出来，然后由各专业人员在模型中调整好碰撞点或不合理处，之后再进行图纸优化，以避免返工和变更的发生。

2. 参数化

BIM的主要技术是参数化建模技术。参数化建模指的是通过参数（变更）而不是数字来建立和分析模型，操作的对象由点、线、圆等几何图形变成了墙、梁、板、柱、门、窗等建筑构件，将设计模型（几何形状与数据）与行为模型（变更管理）有效结合起来，在屏幕上建立和修改的不再是一堆没有建立起关联关系的点和线，而是由一个个建筑构件组成的建筑物整体。

3. 仿真性

1）建筑物性能分析仿真

即基于BIM技术，建筑师在设计过程中赋予所创建的虚拟建筑模型大量建筑信息（几何信息、材料性能、构件属性等），然后将BIM模型导入相关性能分析软件，就可得到相应分析结果。性能分析主要包括能耗分析、光照分析、设备分析、绿色分析等。

2）施工方案仿真

包括施工方案模拟与优化、工程量自动计算、消除现场施工过程干扰或施工工艺冲突等。

3）施工进度仿真

即通过将BIM与施工进度计划相连接，把空间信息与时间信息整合在一个可视的4D模型中，直观、精确地反映整个施工过程。

4）运维仿真

运维仿真包括能源运行管理、建筑空间管理等。

4. 协调性

基于BIM的协调性工程管理，如设计协调、整体进度规划协调、成本预算和工程量估算协调、运维协调等，将可能出现的问题做到事前控制，有助于工程各参与方进行组织协调工作。通过BIM建筑信息模型可以在建筑物建造前期对各专业的问题进行协调，生成并提供协调数据，并能在模型中生成解决方案，为提升管理效率提供了极大的便利。

5. 可出图性

BIM的可出图性主要是基于BIM应用软件实现建筑设计阶段或施工阶段所需图纸的输出。还可以通过对建筑物进行的可视化展示、协调、模拟、优化，根据项目需要输出以下图纸：建筑平、立、剖及详图，经过碰撞检查和设计修改后的管线图，碰撞报告及结构加工图等。

3.2.4 建筑信息模型应用的演进

数字化的根本逻辑是基于数字技术的社会演进。在这个过程中，多种处于不同成熟阶段的技术从模拟形式向更高阶的数字形式转变、发展、融合并创造新的技术，从而使数字技术的应用范围扩大到更广泛的社会和制度环境。BIM是沿着数字化建模、网络化建设到智能化建造逐步发展的。BIM技术从最初的一个将2D转为3D模型的软件发展到数字基础设施，再发展到数字化平台，企业之间的信息交流方式、协同方式在不断改变，有关BIM的研究也从软件开发发展到组织架构、商业模式，一直到近期的平台生态系统。可以看出，BIM技术的社会演进推动建筑业的工作方式、组织形态、企业文化、商业模式等发生改变。

随着BIM数字技术在建设工程领域的深入应用，越来越多的项目将BIM与物联网、GIS、3D打印、AI等技术集成，以发挥更大的价值。中国国家标准编制组、中国BIM发展联盟将BIM分为3个层次，即专业BIM、阶段BIM（包括工程规划、勘察与设计、施工、运维等）和项目BIM（或全生命期BIM）。Siebelink等构建了一个

BIM成熟度模型，该模型能够对BIM的技术和组织方面进行评估。

参考以上研究，数字技术在建筑业的发展路径可以划分为6个成熟度级别：

- Level1：可以利用BIM软件完成建筑实体建模，为项目数字化打下基础。

- Level2：可以将BIM模型导入其他工具，完成辅助设计工作，例如通过能耗分析软件对建筑能耗数据进行分析和预测。

- Level3：可以针对目前装配式建筑供应链信息管理存在的问题，将BIM与物联网技术融合，使设计方、施工方等利益相关方能及时高效地获取供应链管理所需信息。

- Level4：可以集成BIM与RFID等数字技术，实现装配式建筑全寿命周期管理。

- Level5：可以开发基于BIM的装配式建筑协同管理系统，提供协同管理、协同文件管理、信息确认、部品管理等功能，并提供应用程序接口（API）供参建企业内部管理系统对接部分信息，将模型应用从设计阶段进一步延伸至建设阶段，充分应用BIM内含的数据信息实现全生命周期的应用。

- Level6：可以利用人工智能实现单目标优化（如最大限度地降低成本），或者多目标优化（如在最大限度降低成本的同时最大限度地提高质量），并提出可供选择的优化方案，甚至是最优方案[4]。

3.3　数字空间支撑BIM深化应用

从Level1到Level6的BIM应用过程，实际上是BIM技术形态与范畴不断深化的过程，可以将不同阶段的BIM形态做如下梳理，这一过程可以看作点（工具BIM）、线（工程BIM）、面（数据BIM）、体（智慧BIM）四个层次的转化。

- 点——工具BIM，使用BIM软件对建筑进行设计，最重要的是做准、做全模型，进行衍生设计和模块化设计，减少重复性建模，提升设计效率。

- 线——工程BIM，集成不同功能的软件以完成更为复杂的工程分析任务，如3D协调、施工模拟、绿色评估、碰撞检测等。

---

4 杨英楠，张治成，马远东，孙晓燕. 技术逻辑视角下建筑业数字化转型路径分析[J].科技管理研究，2022，42（24）：137～142

- 面——数据BIM，Level3通过BIM和物联网等数字技术的集成实现"人、机、料、法、环"等要素的数字化，实时和准确地获取数据，提高项目业务执行效率，为项目的精益管理提供数据支撑；Level4应用多种数字技术的集成实现全寿命周期的建设工程管理；Level5通过BIM、云平台、数字孪生等技术实现建设工程项目全生命周期各参与方的协同管理，基于数据的共享提升项目各参与方之间的协同效率。数据BIM覆盖整个企业运营、工程项目全生命周期，经历"集、联、治、用"的数据价值变现过程，通过数字化手段，结合"投、融、运、管、营"过程、装配式建筑的构件化制造形成完整的知识资产库，将业务最佳实践变为企业的数据资产。

- 体——智慧BIM，Level6应用大数据、人工智能等数字技术实现建筑各生命周期的智慧化，让机器代替人来思考。例如输入项目的需求，智慧BIM自动根据各种空间指标、设备指标、经验数据的指标形成设计方案。基于BIM技术并充分利用人工智能技术，主动或者辅助企业运营，提供标准服务，实现自助化、智能化的建筑工程应用场景，包含上下游产业链。

BIM深化应用的阶段演进如图3-11所示。从图中可以看到，随着BIM的演变过程不断深化，BIM本身的功能属性逐渐弱化，而价值属性则不断增强。

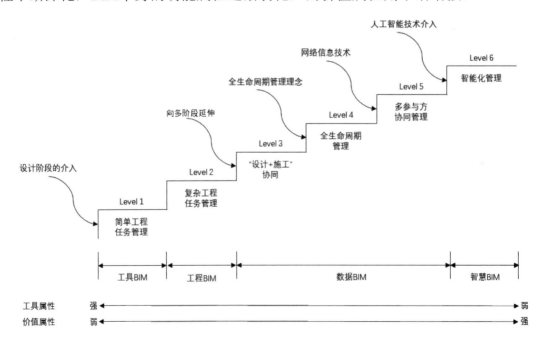

图 3-11　BIM 深化应用的阶段演进

3.3.1　从工具 BIM 到工程 BIM

工具BIM体现的是软件的功能性，其使命是工程设计；工程BIM则主要解决设计和施工衔接的问题，保证施工阶段的可实施性。将传统施工阶段现场的经验进行知识的量化，转化为可读、可学习的规则，并利用三维软件的技术，在设计后期和施工准备期就进行复核和验证，并输出真正可以指导施工的且无错的施工模型和施工图纸。

工程BIM极大地提高了效率，可以应用的场景包括3D协调、设计评审、3D设计、虚拟建造、现状建模、施工模拟、方案评估、现场规划、场地分析、结构分析、能耗分析、成本估算、绿色评估、系统分析、空间管理、设备分析、规范验证、日照分析、资产管理、维护计划等。

这个阶段的BIM几乎都在做一件事，就是三维协调。建筑工业化、生态化需要BIM发挥更大的作用。

3.3.2　从工程 BIM 到数据 BIM

从价值属性看，工程BIM是真正的BIM，但不是BIM的全部。深化BIM应用有三个趋势。

（1）BIM与城市智慧模型CIM、地理信息模型结合，为数字城市建设提供支撑，让城市设置终端网络化，让城市建设管理数字化，让城市运行维护精细化。

（2）将BIM应用到建筑建造的投资决策、设计规划、建筑施工、运营运维的全过程，将进度、成本、质量、安全的管理要素与人、机、料、法、环的生产要素有机融合起来，让业主方、总包方、分包方、设计方、监理方、施工方、供应方协同起来。

（3）随着相关的政府政策相继出台，建筑行业中基于BIM技术的装配式建筑的应用本质上就是借鉴制造业的思路，利用BIM技术可视化强、协调性好的特点，以工程全生命周期系统化集成设计、精益化生产施工为主要手段，实现建筑工业化。

建筑工业化就是参考制造业的思路，将建筑拆解成若干个标准化的组件，并通过BIM模型可视化这些组件，从而形成知识集成，实现复用。其基本内容包括标准化和体系化、建筑构件配件生产工厂化、施工机械化和建筑管理科学。其中体系化是装配式建筑所仰赖的必要条件。装配式建筑是一种新型的建筑应用理念，它将传统建筑生产中的整体拆分成可在工厂完成的多个可组装部分，以实现建筑构件的预制化、标准化与可装配化，然后将预制构件运送到施工现场进行装配。这样大大缩短了建设施工周期，提高了施工准确率，降低了建筑施工对环境的影响[5]。装配式建筑方法如图3-12所示。

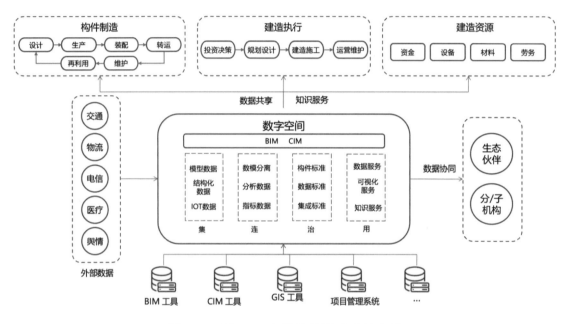

图 3-12　以 BIM 支撑的装配式建筑方法

在图3-12中，以BIM支持的装配式建筑方法首先需要以BIM为核心，以云计算为手段，实现数据的集中和融合。这些数据包括外部的交通、物流、电信、医疗等行业与环境的数据，内部的BIM、CIM、GIS等工具系统，以及生态伙伴与分/子机构。其次，建立BIM数据标准，建立构件、设备、人员、空间的信息表达体系。最后，以BIM数据标准为核心和锚点，贯穿构件制造、建造执行和建造资源，实现真正的一模到底。

1. 基于BIM数据的云平台

BIM本身是3D（模型）+XD（各种数据），数模分离也是这个意思。如果将模

---

5 周婧. 国内装配式建筑标准化和体系化发展历程[J]. 绿色建筑，2018，10（02）：45～47

型比喻成躯干,那么XD数据则是模型运转的动力——血液。要让BIM真正"动"起来,要让BIM更好地服务各参与方,则需要借助一个云计算模式的BIM平台来完成。

(1)BIM协同设计管理。工作人员在运用BIM技术进行模拟计算时,若没有强大的运算能力处理庞大的设计数据体量,则BIM技术的应用效果将大打折扣。而在BIM云平台上能充分利用云计算的运算和数据分析能力,快速准确地进行模型融合、模型分析,实现各项目工程量的计算与存储,实现BIM模型的渲染与仿真,实现BIM模型数据的随时修改与更新。另外在BIM云平台上能够使各项目参与方随时随地参与到项目规划、设计、建筑等各个阶段,在云平台上进行数据交互、信息共享,从而真正实现各方对建设工程的协同管理。

(2)云端数据管理。通过在BIM云平台上建立统一的BIM模型数据存储格式,不同的模型权限可以设置为创建、预览、下载、编辑和删除等,提高了沟通上的效率。而工程项目的每一个参与者都能通过BIM云平台上传或共享模型,被上传的模型可以根据最新更新日期生成新版本,并保留旧版本,这样能够通过记录操作痕迹实现对项目模型的全面管理。

(3)云端流程管理。这主要体现在两方面,一方面是审批流程管理,另一方面是项目实施流程管理。传统的审批流程不适合跨平台使用,过程又烦琐又浪费时间,而BIM技术的云协同平台很好地解决了这个难题。

2. 基于BIM数据的标准体系

构件及设计标准化、模数化是装配式建筑的根本要素。建筑构件的标准化制定是工业化生产的基础,而标准件的组织也必须依赖标准化的总体建筑设计的实施。在装配式建筑之中,常常出现诸如由于体系接头处理不善或构造不当而导致的性能衰减,由于标准化程度低而导致的施工周期与工程成本的控制困难等问题。标准化建构在装配式建筑中起到了至关重要的作用,需要基于BIM模型的特点建立BIM数据标准体系。

1)创建参数体系

所有的BIM模型都包含几何信息和非几何信息,基于这一特征,可以建立基于BIM模型的技术参数和非技术参数。技术参数主要包括各种数值型参数,例如长度、宽度、高度、风量、水量等。非技术参数主要包括各种文本型参数，例如设计人员、施工人员、维保人员、工艺工法、控制开关、联系电话等。鉴于相关参数的复杂性，还可以对相关参数做出梳理和归类，形成更简洁的数据结构，示例如下[6]：

➤ 身份参数 ➤ 尺寸参数➤ 设计参数 ➤ 关联参数➤ 商务参数 ➤ 产品参数➤ 施工参数 ➤ 运维参数

2）数模分离管理

数据架构与模型结合，目前可参照的标准主要有两种：一种是IFC模型，作为应用于AEC/FM各个领域的数据模型标准，IFC模型不仅包括了那些看得见、摸得着的建筑元素（比如梁、柱、板、吊顶、家具等），也包括了抽象的概念（比如计划、空间、组织、造价等）；另外一种是基于工程实践的P-BIM模型，分为六个领域进行分析。这两种模型对于数据的协同应用都有待发展，目前比较可行的数据管理方式是数模分离，它可以改变依赖模型带数据的模式，把编码作为挂接图形的风筝线，独立存储和处理数据，并且可以通过工具在轻量化Web/客户端上进行组装。

3）建立构件编码

国际上现有的建筑信息分类与编码体系主要包括UniformatII、Materformat和Omniclass等标准。各编码标准的适用对象、分类原则及编码方式均存在一定差异。由于Omniclass分类标准较为成熟，因此在装配式建筑构件编码中很多学者都将它作为重要参照对象。在Omniclass分类标准体系的编码方式的基础上，结合装配式建筑预制构件分类情况，采用具有相同组织信息的柔性代码结构，为单一构件编写编码。单一构件的编码由刚性码段、柔性码段和流水码段三部分组成。刚性码段是指不受前码段编码影响的码段，如楼栋号、楼层号及构件分类编号等；柔性码段是指受前码段定义的类型影响，相同编码所表达的内涵不同的码段，如构件名编号码段；流水码段即为流水号，如图3-13所示。其中柔性码段满足了编码体系的扩展需求，使编码形式具备兼容性[7]。

6 BIMBOX孙彬. BIM模型建完了，深水区怎么游？ [OL].https://zhuanlan.zhihu.com/p/116438713
7 占鑫奎. 基于BIM的装配式建筑构件信息识别及生产排程优化[D]. 东南大学，2019.DOI:10.27014/d.cnki.gdnau.2019.001235

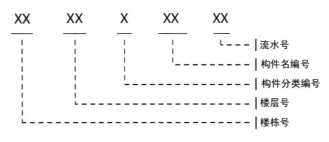

图 3-13　构件编码总体设计

　　BIM的本质是资源共享，但是现在很多公司都在分别建族，因此出现了大量的重复劳动[8]。业主在要求项目交付模型的时候，无法明确交付模型携带的信息到底是什么。很多族库都比较相似，而且缺少对非几何数据的管理能力。如果把所有能找的各个类别的族在云端集成后，都加载数据标准，再基于以上共享的数据标准推动建筑构件的标准化、模块化，就能真正实现"一模到底、一模多用"[9]。

3.3.3　从数据 BIM 到智慧 BIM

1. 主动运营型智慧BIM

　　自2023年2月初网站流量进入全球TOP 50后，ChatGPT的用户和月活就一直在高歌猛进。如今其用户人数远超2亿，月活用户也早已过亿。ChatGPT所使用的人工智能技术就是生成式AI（Generative AI）。

　　生成式AI是一种利用现有文本、音频文件或图像创建新内容的技术。借助生成式AI，计算机可以检测与输入相关的底层模式并生成类似的内容。生成式AI通过算法模型创建新内容，包括音频、代码、图像、文本、模拟和视频。

　　BIM与生成式AI的结合，将使得人工智能在建筑业数字化体系中的角色从辅助运营逐渐过渡到主动运营。其方式就是从提供参考方案，发展到主动生成建筑设计、施工、运维等各领域的交付成果，全面取代人的工作，从而开启智慧BIM的时代。目前，智慧BIM的主要应用环节是在智慧的设计阶段，主要应用场景包括[10]：

8　BIMBOX孙彬. BIM模型建完了，深水区怎么游？.https://zhuanlan.zhihu.com/p/116438713
9　陈至. 数据标准助力BIM技术在施工项目各阶段中的应用[J]. 福建建设科技，2020（03）：107~109
10　冷烁，胡振中. 基于BIM的人工智能方法综述[J].图学学报，2018，39（05）：797~805

- 输出排布方案：消防疏散出入口设计，深度学习规范、地方标准和不同建筑类型及布局，对疏散口个数、距离、宽度、位置等信息进行综合处理后自动生成排布方案。

- 输出装配方案：装配式建筑的装配方案设计，深度学习不同地区、不同标准下的装配方案，如预制构件和节点的优化选取及设计、商品化构件的设招采施一体化等信息综合处理后自动出装配方案。

- AI出图：通过深度学习，考虑相关专业约束、个性和美观性等算法，实现创建图纸、拆解图纸、图元布图乃至出图智能标注等。

在前面的章节中，我们讲到过数字化转型的终极愿景是建设企业大脑，从辅助运营和主动运营两个层面来实现企业的数字化转型。上述的人工智能应用场景中，AI处于主动运营的角色，除这些场景外，AI还可以提供参考信息帮助人类进行分析与决策，可以看作初级的企业大脑的应用。

2. 辅助运营型智慧BIM

通过数据BIM的建设，BIM技术以三维模型为起点，形成了对建筑全生命期中各项信息数据的集成、共享、治理与应用。通过对这些数据的分析与利用，BIM可为设计、施工、运维等各环节的参与者的决策提供支持。然而，传统的数据分析过程大多由人工完成，效率较低、主观性较强，积累的数据无法被深度应用。

将AI技术与BIM技术结合，可以提高数据分析的效率，在纷繁复杂无序的数据中找出共性的、潜在的知识和规律，为各方人员提供更为准确的决策建议，解决BIM中数据深度应用困难的问题。同时，BIM作为数据集成与共享的平台，可为AI提供可靠的数据支持与结果可视化手段，相关应用模式主要包括推理、DM、神经网络、进化算法（Evolutionary Algorithms，EA）等。

3. 推理技术

推理是按某种标准，根据已有事实或知识推导出结论的过程。AI系统中的推理技术是通过模拟人类的推理逻辑，根据预设的规则与控制策略来求解问题。在BIM中，推理技术常应用于标准判断以及事件决策过程，如专家审图系统、空调节能专家系统模型等。

4. 数据挖掘

数据挖掘（Data Mining，DM）是对大量数据进行处理与分析，从中提取出有价值的信息的技术。随着建筑行业的数据的积累，传统的统计分析手段逐渐遇到困难。在此背景下，基于BIM的DM研究逐渐受到重视。常见的DM方法包括关联分析、回归、聚类、分类、离群点检测等，这些方法均有结合BIM技术的应用。例如，对隧道监测数据进行关联分析，挖掘数据之间的不变关系，并用于隧道病害监测；采用聚类与图形挖掘方法，由工程事故报告挖掘得出导致工程事故的属性组合；采用多种分类算法，根据设计模型数据预测空间碰撞情况；等等。

5. 神经网络

人工神经网络（Artificial Neural Network，ANN）是一类模仿人类大脑工作机制的计算模型，由多个简单计算单元（即神经元）相互连接组成。ANN具有较强的灵活性、适应性以及学习能力，在主流的统计与计算软件中易于实现，如MatLab、SPSS等均提供了相应的神经网络开发工具包。因此，神经网络技术在各领域均有广泛应用，在BIM中也有较多研究。例如，构建基于BIM的神经网络模型，根据建筑模型及相关参数预测房屋能耗；采用BP神经网络预测建筑施工成本；使用基于BP神经网络的模型来预测制冷机负荷。

6. 进化算法

进化算法（EA）是一类模仿自然选择与生物进化策略的计算模型。与传统搜索寻优算法相比，EA具有求解速度快、并行计算、易得到全局最优解、通用性强等优点，在BIM的目标优化领域有一些应用。遗传算法（Genetic Algorithm，GA）是一类典型的EA。GA仿照生物遗传方式，通过选择、交叉与变异的过程优化问题的解，在多次迭代后逼近最优值。目前，已有较多的研究采用了基于BIM的GA方法，主要为多目标优化问题的相关研究，如施工规划中成本与时间的优化、绿色建筑设计中成本与节能效果的优化。一些研究也使用了其他EA，如使用粒子群算法在工期与费用约束下对施工进度进行优化；使用萤火虫算法计算施工中塔吊和材料供给点的最优布置位置，使得物料运输距离最小。

3.4 建筑数字空间关键技术要素

3.4.1 大数据

大数据一般是指涉及资料量的规模巨大，无法通过目前主流软件工具在合理时间内采集、管理、处理并整理成为能为企业经营决策提供相应依据的信息。

维克托·迈尔·舍恩伯格在《大数据时代》一书中描述了大数据的三个特征，分别是全样而非抽样、效率而非精确、相关而非因果。

大数据技术包括Hadoop、MapReduce、NoSQL、Spark、Flink、Hive等，该类技术源于谷歌，谷歌通过搜索引擎为互联网用户提供信息检索的功能。具体涉及两个任务：一是网页的爬取，即数据采集；二是索引的构建，即数据搜索。

大数据在建筑行业应用广泛。

第一，建筑业大数据应用可以提升行业监管与服务水平。大数据的应用将极大推动建筑行业深化"放管服"改革，促进建筑市场的透明性、竞争的公平性，利于建立基于大数据的建筑市场诚信监管体系，实现对全国工程建设企业、注册人员、工程项目的统一集中管理。利用大数据分析，可以对在建工程项目、市场各方主体及关键岗位人员进行实时动态监管，规范市场主体行为；利用大数据分析，可以遏制围标、串标及其他违法现象的发生。通过大数据应用，可以及时发现安全隐患，规范质量检查、检测行为，保障工程质量，实现质量溯源和劳务实名制管理。诚信大数据的建立，有效支撑行业主管部门对工程现场的质量、安全、人员和诚信的监管和服务。

第二，建筑业大数据应用可以驱动企业数字化变革，增强经营管理能力。通过数字化企业平台，将企业所有项目的生产情况全部纳入实时动态监控范围，对偏离目标的项目及时采取有效措施，在整个企业范围内实现资源的有效配置和整合，有助于实现企业利润的最大化以及集约化经营，可有效保障工程项目的实施进度、质量和成本。基于项目数据的有效集成，在企业层实现基于数据驱动的经营管理和科学决策，保证多项目管理全过程可控与目标达成，提升企业的经营和管理能力。以基于大数据的征信为基础，借助互联网金融，催生商业模式的创新，加速企业发展。

第三，建筑业大数据应用将引领项目全过程变革与升级，将有效提升项目管理水平和交付能力，实现建筑产品升级，建造过程全面升级。对于建筑工程来说，工程项目本身的复杂性，多岗位、多专业、多参与方的共同参与，决定了项目各项任务与工作的协作与整合至关重要。以BIM+PM（项目管理）的专业应用和智慧工地应用为核心，集成工程项目的各关键要素数据和信息，进行实时、全面、智能的监控和管理，形成项目的统一协同交互和大数据中心，有效支持现场作业人员、项目管理者、企业管理者各层的协同和管理工作，进而更好地实现以项目为核心的多方协同、多级联动、普遍互联、管理预控、整合高效的创新管理体系，保证工程质量安全、进度、成本建设目标的顺利实现。

3.4.2　人工智能

人工智能是用于描述机器（或软件）模仿人类认知功能（如解决问题、模式识别和学习）的集合术语。机器学习是AI的一个子集，它使用统计技术使计算机系统能够从数据中"学习"，而无须明确编程。当机器接触到更多数据时，会更好地理解并提供洞察力。

1. 人工智能在建筑策划中的应用

建筑策划首先考虑整个项目的价值目标，而这个价值目标是通过对该项目中各方需求的研究而得出的。人工智能可以综合人文、环境、文化、技术、时间、经济、美学、安全等价值因素，对建筑所有可能的需求进行分析研究，经过对各个方面的比较分析，总结一个或多个建筑需求，从而确定建筑项目的目标与建筑设计的方向。

2. 人工智能在建筑设计中的运用

通过人工智能对各个BIM信息模型的集中汇总，设计师可共享每个工程项目的实际成本数据库，充分掌握各项目的成本信息，加强对成本控制的能力[11]。通过生成式设计更好地设计：建筑信息模型是一个基于3D模型的过程，为了规划和设计

---

11 张继民. 人工智能在建筑工程中的应用[J]. 散装水泥，2022，No.216（01）：114～116

建筑物，3D模型需要考虑建筑、工程、机械、电气和管道（MEP）计划，以及各个团队的活动顺序。以生成设计的形式使用机器学习来识别和缓解不同团队在规划和设计阶段产生的不同模型之间的冲突，可以有效防止返工。使用机器学习算法来探索解决方案的所有变体并生成设计备选方案，利用机器学习专门创建机械、电气和管道系统的3D模型，确保MEP系统的整个路径不会与建筑物架构冲突，同时从每次迭代中学习以获得最佳解决方案。

3. 人工智能在建筑施工过程中的运用

建筑工程项目施工过程中处处可见人工智能的应用实例，如3D打印技术、智能机器人等。3D打印技术是一种基于自行设计的数字模型程序的极速成型技术，可以被称为一次新的工业革命。[11]通过该技术在建筑施工项目中的应用效果来看，它能显著提高施工速度，降低人力成本，节省施工耗材，缩短项目工期，实现绿色健康智能建造。同时，由于对智能机器人的研发升级及大范围的推广应用，加上5G技术的快速发展及其安全可靠等特点，设计出具有不同功能类型的智能机器人（如砌砖机器人、无人挖土机等），并在施工过程中逐步取代人工操作，显著提升施工质量，节省人力及材料成本。建筑公司还可以使用人工智能和机器学习来更好地规划工作中的劳动力和机械分配。机器人不断评估工作进度以及工人和设备的位置，使项目经理能够立即得知哪些工作场所有足够的工人和设备按时完成项目，哪些可能落后于可以部署额外劳动力的地方。

另外，在管理工程施工现场的过程中能随时随地看见人工智能的身影。在管理过程中充分应用增强现实技术，现场管理人员在任何地点、任何时间随时可以轻松查看工程的设计计划、实时进度及前期预算等相关信息。基于ISS（智能管理（监控））系统，能迅速高效地使得工程主要管理人员清晰掌握基于某阶段工程目标及约束条件下的最优工程进度计划。利用目标检测算法，通过施工现场摄像头拍摄的现场视频，能自动、快速、有效地辨别施工人员是否按规定佩戴安全帽，并能自动报警。通过将智能传感器与北斗卫星导航系统进行联合使用，能实时获取施工现场的动态信息，及时准确掌握施工现场的各方面情况，最大程度保证施工各工序的高效对接，及时发现并解决现场施工的突发问题。将图像与事故记录相关联，通过人工智能算法计算项目的风险评级，可以在检测到威胁升高时进行安全简报。

4. 人工智能在建筑项目后期的运用

人工智能可以解决项目后期的超预算建设。使用机器人自动捕获建筑工地的3D扫描，然后将这些数据输入深度神经网络，该网络对不同子项目的距离进行分类。如果事情似乎偏离轨道，管理团队可以介入处理小问题，避免小问题成为主要问题。使用称为"强化学习"的AI技术，允许算法基于反复试验来学习。可以根据类似项目评估无穷无尽的组合和替代方案。有助于优化最佳路径并随着时间的推移自行纠正。

3.4.3　物联网

物联网可以通过各种信息传感设备，如传感器、射频识别（RFID）技术、全球定位系统、红外线感应器、激光扫描器、气体感应器等各种装置与技术，实时采集任何需要监控、连接、互动的物体或过程，采集其声、光、热、电、力学、化学、生物、位置等各种需要的信息，与互联网结合形成一个巨大网络，以实现对物品的智能化识别、定位、跟踪、监控和管理。其目的是实现物与物、物与人、所有的物品与网络的连接，方便识别、管理和控制。

物联网在建筑行业的应用主要集中在以下几个方面。

1. 现场监控

现场监控是施工流程中的一个重要因素。这一流程受益于物联网可以变得更加有效、精确且成本友好。现场监控分为两个方面，主要是对人员和机器的定位跟踪。在建筑工地，需要跟踪大量数据，这些数据对应于不同的工人和工具。由于这些数据无法手动处理，因此，物联网可以通过使该流程自动化来发挥重要作用。通过物联网设备和网络，可以在移动设备上访问人员和机器的信息，因此，施工经理可以实时了解员工和机器，而无须手动跟踪操作。物联网还可以确保建筑工地和资产的安全，其中面部识别、射频识别标签可以监测到任何未经许可的人员或入侵者进入禁区。此外，还可以通过传感器监控车辆和机器，从而追踪其位置，以及了解发动机的健康状况和燃油效率。

2．机器控制

物联网可以使建筑机械更加有效和自主。物联网传感器可以引导这些机械以更高的精度和最少的人力投入运行。这些物联网系统还可以不断向运营商提供设备的健康信息，以防止任何意外故障。因此，可以在不降低建筑质量的前提下在更短的时间内完成施工流程。

3．施工安全

安全在建筑业中至关重要。施工现场配备了各种安全措施，以提供安全的工作环境。通过物联网，可以进一步提高现场安全性。可穿戴技术正越来越多地应用于建筑业，以实现广泛的利益，其最大的收益来自工人追踪和安全方面。可穿戴设备可自动生成工人人数，显示人员的位置，标记危险，并在特定施工现场发送安全警报。建筑是一个劳动力集中的领域，在活动跟踪器的帮助下，监理和施工经理可以监控工人的位置和潜在危险。此外，正如前文所述，将人工智能和物联网等其他技术相结合，可以进一步加强安全措施，从而确保工人的安全和健康。

3.4.4 区块链

区块链是一个分布式的共享账本和数据库，具有去中心化、不可篡改、全程留痕、可以追溯、集体维护、公开透明等特点。这些特点保证了区块链的"诚实"与"透明"，为区块链创造信任奠定基础。

2020年7月，住房和城乡建设部等十三部门联合印发的《关于推动智能建造和建筑工业化协同发展的指导意见》提出，要围绕建筑业高质量发展的总体目标，加快推动新一代信息技术与建筑工业化技术协同发展，在建造全过程加强建筑信息模型、互联网、物联网、大数据、云计算、移动通信、人工智能、区块链等新技术的集成与创新应用。

区块链在建筑行业的应用有以下几方面。

1．招投标活动

区块链技术具有不可篡改的特点，将它应用到建筑工程领域招投标活动中，能够为建筑工程领域提供从业人员的身份信息，并且保证信息内容的真实性和准确性。

例如，在建筑工程大型招投标活动过程中，结合现行的工程建筑建设规定，需要建设单位对所有项目负责人的资质、经验等方面进行全面了解。如果采用传统方式对政府项目或社会投资项目等发行招投标活动进行验证，不仅需要浪费大量的人力、物力和财力，还无法充分保证验证结果的准确性和真实性。

利用区块链技术，能够直接反映出建筑行业从业人员的真实信息，具有一定的透明性和可信赖性：一方面有利于节约人力、物力、财力的支出，从而降低交易成本；另一方面有利于保证从业人员信息的准确性，从而为建筑工程后续施工奠定良好基础。

2. 总包工程管理

将区块链技术引入工程总承包管理中，可以发现，在金融交易过程中，同时存在配合机制与反馈机制两个问题。例如，在建筑工程金融交易过程中采用措施避免欺诈，就是较为典型的配合机制和反馈机制。

现阶段，建筑工程领域在大部分金融交易过程中，为了维护双方利益，均采用第三方平台解决配合机制和反馈机制。第三方平台需要具备一定资质才能够稳定运行，而区块链技术能够充分为第三方平台提供安全保障，有利于提高第三方平台的抗风险能力。

3. 智慧建造

智慧建造是在工业深化和信息化改革基础上发展而来的一种全新的工业形态，同时也是一种先进的管理理念，能够体现我国建筑工程领域从机械化向自动化再向智慧化趋势发展的这一过程。智慧建造有利于为区块链技术的应用和实现奠定良好基础，为建筑工程全过程提供系统化、智慧化管理，从而充分满足建筑工程各参与方的个性化需求。

在建筑工程智慧建造过程中，利用区块链技术将所有参建主体、项目管理智能等进行统一，从而构建智慧建造信息集成平台，为建筑工程建设全过程产生的资金、信息等数据的高效储存、及时传递以及信息共享提供便利，有利于全面提高建筑工程全过程的管理水平。

4．工程的全面监督

区块链技术能够在建筑工程全面监督管理中充分发挥其特点和作用，有效规范建筑工程在施工过程中的规范性和标准性，从根本上控制建筑工程的违规操作。具体来说，将区块链技术应用到建筑工程施工管理中，具有不可比拟的优越性。区块链技术能够将所有单独模块按照时间顺序加以串联和统一，有利于形成一个完整的建筑工程管理流程。

通常情况下，建筑工程是否能够顺利实施，不仅能够直接反映该企业的管理模式是否完善，还能够直接反映建筑企业的发展状况是否良好。所以，在区块链技术构成的健全管理模式基础上，建筑工程领域还需要具备一批专业强、素质高的施工团队，保证能够在区块链技术支撑和指导下及时发现问题，并有针对性地采取措施加以解决。

与此同时，在区块链技术全面管理模式下，施工单位需要在成本、人员、材料、机械等方面加以创新和完善，形成适合企业发展的全新管理方式，并应用到建筑工程实际施工中，从而促进建筑工程施工任务有序展开，为推动建筑企业向现代化趋势发展奠定良好基础。

区块链技术最早应用到金融领域，为金融领域互联网交易提供了安全保障，为虚拟资金交易顺利进行奠定了良好基础。而将区块链技术应用到建筑工程领域，需要相关学者和专家的进一步研究，深入挖掘其潜在价值，使它能够拓展到建筑工程更广泛的领域。现阶段，区块链技术在建筑工程智能合约管理方面发挥了重要作用，通过发挥自身特点，与建筑工程管理相融合，有利于促进建筑工程项目管理的不断完善和优化，有利于为建筑工程合理规划和部署提供有利条件，从而促进建筑工程项目管理的稳定发展。

3.4.5　云计算

云计算涉及的内容较多，不同厂商、研究机构都从自身角度对云计算进行诠释，众说纷纭，结论千差万别。

现阶段广为人们接受的是美国国家标准与技术研究院（NIST）对云计算的定义：

云计算是一种无处不在、便捷且按需对一个共享的可配置计算资源（包括网络、服务器、存储、应用和服务）进行网络访问的模式，它能通过最少量的管理以及与服务提供商的互动实现计算资源的迅速供给和释放。通过云计算的方式，用户从"买"资源和产品变成了"租"服务。

云计算在建筑行业的应用有以下几个方面。

1. 实现工程建设行业资源整合，建立统一的资源共享平台

工程建设行业要构筑行业云计算系统，必须对现有施工、设计、监理、质量控制以及材料供应等企业资源进行集成与调配，将现有分散的、自成一体的、本地化的网络平台转变成为一个由具体网络运行环境、网络服务器系统、网络操作系统组成的强大的、统一的云计算平台，形成工程建设行业的管理体系和资源共享空间，避免企业之间资源的重复和浪费。云计算不仅可以实现工程建设整个行业层面和项目层面的管理提升、产业变革、应用创新，还可以提高工程建设企业在国际市场的竞争力。

2. 建立"内""外"结合的云计算系统

云计算实施是一个重大工程，而且工程建设行业点多面广，如果我们完全用新的云计算机替换以前的服务器，不仅工作量大、费用高，还将改变许多以前的工作流程和工作方法，将面临网络安全、技术保密等障碍。结合目前的虚拟化技术，我们可以采取更实效的方法。首先，将施工、设计、监理、质量控制、材料供应等企业现有的数据中心转化为内部云，这可以更大程度确保内部云的安全性。与此同时，加强与服务提供商的合作，共同建立与内部资源可兼容的外部云。通过在云之间建立联邦和统一管理，形成一个无缝的、动态的操作环境，从而使施工、设计、监理、质量控制、材料供应商等企业的内部资源和可利用的外部资源连接起来，帮助各企业进行资源权限管理和资源共享，获得云计算的所有好处和灵活性。

3. 工程建设领域视频云

视频云是基于云计算技术，在施工、设计、监理、质量控制、以及材料供应等企业之间，运用计算机远程监控、设计集成、材料检测、模式识别、人工智能机自动控制等相关技术，通过视频云SaaS（软件即服务）模式，实现对工程质量、设计集成、材料检测、安全监控、环境监测等远程实时图像的监控和管理。

视频云不是单层的服务，而是一个多层服务的集合。视频云体系架构可以细分为视频接入层、视频存储层、控制管理层、视频应用层四个层次。

（1）视频接入层：通过摄像机、手机、视频服务器、DVR等视频传输设备和媒介，将工程进度、环境监测等视频信号、传感器信号和报警信号接入到整个视频云网络。

（2）视频存储层：是视频云网络物理设备和存储的基础。通过服务器虚拟化、存储虚拟化、网络虚拟化，实现工程进度、环境监测等视频信息和其他感知信息的资源存储、整合、交换和容灾。

（3）控制管理层：使用集群和分布式系统，实现施工、设计、监理、质量控制，以及材料供应等"内""外"云网络系统的信息资源联邦和统一，通过通用接口和中间件完成数据备份、加密、数据交换和安全管理。

（4）视频应用层：为工程建设提供强大的智能化视频应用平台，包括工程远程监控、设计集成、材料检测、环境监测、联动指挥、实时沟通等多种业务[12]。

3.4.6　GIS 技术

GIS技术（Geographic Information Systems，地理信息系统）是多种学科交叉的产物，它以地理空间为基础，采用地理模型分析方法，实时提供多种空间和动态的地理信息，是一种为地理研究和地理决策服务的计算机技术系统。其基本功能是将表格型数据（无论它来自数据库、电子表格文件还是直接在程序中输入）转换为地理图形显示，然后对显示结果进行浏览、操作和分析。其显示范围可以从洲际地图到非常详细的街区地图，显示对象包括人口、销售情况、运输线路以及其他内容。

GIS在经历几十年的长足发展后，已经广泛应用在众多领域中。GIS在建筑领域中的应用也显示出广阔的前景[13]。

---

12 郑雯. 浅谈云计算在工程建设行业的应用[J].现代计算机（专业版），2012，No.405（21）：41～43+59
13 杨谦，吴金华. 地理信息系统在建筑领域中的应用[J]. 陕西建筑，2007（3），3

1. GIS应用于建筑施工安全管理

建设项目安全管理工作在整个施工过程中具有重要作用。当前，建设项目数量巨增，而安全监督管理的人员数量相对较少的问题日益突出，如何有效地配置现有资源，如何利用先进技术手段开展安全管理工作已成为急需解决的问题。

GIS技术应用在施工安全管理中，正好解决了管理人员少与需要管理的建设项目数量多这对矛盾，为建设管理部门提供了一个高效有力的管理手段。把管辖区域内的建设工程项目显示在地图上，对建设工程项目进行定位查询，就能够直观、方便地掌握施工项目的现实状况，有利于安全监管人员有目的、分重点地对建设工地实施安全监督。同时，利用ArcGIS等专业地理信息系统软件对区域地图和数据库的管理功能，一方面可以用图形方式显示出管辖范围内的工程项目的分布情况，以及项目周边的交通、电力、电信、燃气、供水管网的布局信息，为场地施工提供便利；另一方面可以把与工程项目有关的属性信息（比如建设单位、设计单位、施工单位等）存储在数据库中，更重要的是可以把建设项目的安全手续、专职人员配备、安全人员资质、安全防范措施、临时用电、安全用品、安全资料、施工机具的安放等信息记录在数据库中，用户只需要通过简单操作就可以提取、查询和使用这些数据，方便了对施工项目的安全监督，又为安全管理提供了辅助决策。

2. GIS应用于基础设计及施工

高层建筑的出现既提高了空间利用率，又缓解了城镇建设用地紧张的局面，但同时也给基础设计和施工提出了更高要求。地理信息系统的建立，将GIS使用在桩基础设计中，完成了GIS对单桩承载力信息的管理、分析和查询，实现了不同试验单位、不同设计部门对单桩承载力信息的共享，且经过数据分析可得出单桩竖向承载力的极限值，进而提高这一数值。

3. GIS应用于建筑物规划

目前，我国在大力推进城镇化建设，但可供建设的用地却严重不足。一方面城市规划管理部门加大了旧城改造，另一方面管理者采用先进科学的管理手段对城市建筑物进行了合理规划。其中，香港将GIS使用在新城开发管理中，建立了以可供地的预测管理为主要功能的沙田新城开发土地地理信息系统，为管理者提供未来一段时间里可用于建造住宅的土地利用时间表,进而推测配套的基础设施建设如何布局、何时完工,以及各种商业、服务、教育、保健、公共交通设施应该建立的地点或区域,取得了很好的效果。

4. GIS应用于建筑审批部门的内部管理工作

伴随越来越多的建设项目破土动工,各种资质级别建筑企业涌入市场,增添了建设管理部门工作量。采用地理信息系统可实现图形与属性的交互式访问:首先,在地图上清楚地标明正在建设和上报审批需要建设的项目位置;其次,将企业资质、单位名称、经济状况、主要技术和管理人员简介等企业属性信息存放于数据库中,建设管理部门的工作人员可以通过GIS专业软件实现对市场现有建筑施工单位经营管理状况的即时了解,规范了市场秩序,把好了市场准入关。同时,GIS图形显示和数据处理功能可快速、准确地查询相关信息,使资料存放简单、有序,减轻了管理人员的负担,降低了人为错误,这也是政府电子政务建设的重要部分。

5. GIS其他应用

建立房地产三维管理专题地理信息系统,可以真实再现楼盘三维场景,虚拟显示住宅内部结构,并且可以通过互联网发布分析房产项目认购信息,这些功能是普通信息系统无法完成的,而且在住宅小区建成后,物业管理公司可通过房产三维管理信息系统对各种物业设施进行数字化管理,这无疑会有助于提升小区的形象。将GIS与虚拟现实技术相结合,可实现城市景观仿真,给人一种身临其境的感觉;还可对大型建设项目进行虚拟显示,动态模拟项目完工投入使用的状况,为科学的规划决策提供帮助。

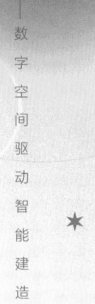

数字空间驱动智能建造

第2篇

路 径 篇

4.1　数字空间与数据中台

事物皆有两面性，整体看待方为全。

数据资源具有多维结构、分布式、多版本的特征，数量庞大，来源众多，数据质量参差不齐，只有工程化管理与应用才能够形成数据资产，发挥数据价值。数据中台是工程化应用数据的载体，从数据管理、软件工程的视角进行数据的开发与运营，包括如何进行结构化/非结构化数据的存储，数据的建模与数据需求的提出，快速、便捷的数据加工计算与共享交换，实现内外部数据聚合为数据分析提供基础，提供数据服务与多样化的展现方式，以及通过数据治理提高数据质量等。

数据中台、数字空间实际上是看问题的不同视角，两者是一个事物，即所谓的一体两面，如图4-1所示。

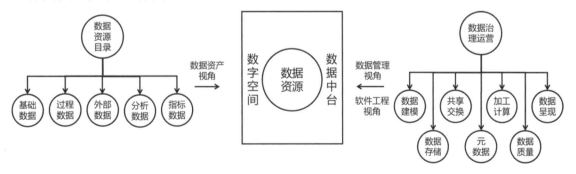

图 4-1　数据中台与数字空间的一体两面

4.2 数字空间/数据中台与其他概念的关系

数据平台自诞生之日起，就被很多业界厂商、理论专家给出了多种诠释，每个数据厂商、数据应用企业对数据平台都有自己的定义与理解，这些定义有的相似，有的完全迥异。因此，在篇章的起始，需要先统一一下大家对基本概念的理解和认识，通过对数字空间、数据中台与业务中台、主数据、数据仓库、数据资产等的关系与区别的剖析，使大家对数字空间、数据中台有一个清晰的认知。

4.2.1 数字空间与数据资产

我们首先要明确数据资产的定义与建设内容，这里给出一些国家标准和研究机构白皮书中对数据资产的定义：

（1）组织拥有和控制的、能够产生效益的数据资源[1]。

（2）以数据为载体和表现形式，能够持续发挥作用并且带来经济利益的数字化资源[2]。

（3）由企业拥有或者控制的，能够为企业带来未来经济利益的，以物理或电子的方式记录的数据资源，如文件资料、电子数据等。在企业中，并非所有的数据都能构成数据资产，数据资产是能够为企业产生价值的数据资源[3]。

综合如上对数据资产的定义可以发现，数据资产的极简定义就是：有经济价值的数据资源。那么如何判断哪些数据资源对企业有经济价值？目前行业对数据资产估值的研究方法主要包括成本法、市场法、收益法三种，其中从估值算法比较清晰的成本法来看，所有企业都会投入成本，包括研发和采购信息化系统、自动化设备、物联网设备等产生的数据，以及人工梳理填写纸质或电子文件的数据都属于数据资产的范畴。

---

1 GB/T 34960.5－2018 信息技术服务 治理 第5部分 数据治理规范
2 GB/T 37550－2019 电子商务数据资产评价指标体系
3 中国信息通信研究院。数据资产管理实践白皮书4.0

数据资产的建设是对企业有价数据资源的统筹管理，其核心包含对数据资产本身的数据架构建设、元数据建设、数据标准化建设等内容。

1. 数据架构

数据架构是数据资产的具象化结构描述，分为数据模型、数据分布、数据流向三部分。

1）数据模型

数据模型是数据资源特征的抽象，通过主题域模型、概念模型、逻辑模型、物理模型分别描述业务领域、业务概念、逻辑关联、物理结构等数据资源不同层级特征。

- 主题域模型是对业务的领域划分及之间关联关系的定义，是企业最高层级的业务划分。
- 概念模型是对业务对象实体的抽象概念模型，是高范式企业业务数据的抽象，包含概念定义、属性、关系等。
- 逻辑模型是对概念模型的IT逻辑层实现，根据IT实现原则进行降范式处理，建立明确的逻辑关联，同时增加技术和衍生属性等。
- 物理模型是逻辑模型在数据存储系统中的落地，根据数据存储系统的个性来调整和增加特有的规格，例如索引、分区、分表、分列簇等。

2）数据分布

数据分布是在企业数据模型定义下的数据资源，明确其在系统、组织和流程等方面的分布关系，明确权威数据源，为数据相关工作提供参考和规范。通过数据分布关系的梳理，确定数据相关工作的优先级，制定数据的责任人，并进一步优化数据的集成关系。

3）数据流向

数据流向是对企业数据流转过程的定义和描述，将数据的创生、使用、更新、作废删除等全过程的业务流程和技术实现以结构化的形式表达，从而掌握企业内部各业务领域、各部门、各系统之间数据共享的使用情况，促进数据共享的互联互通，进而实现对数据资产的全生命周期管理。

2. 元数据

元数据的思想来源于OMG（Object Management Group，对象管理组织） 定义的 "模型驱动构架（Model Driven Architecture，MDA）"，基于MOF（Meta Object Facility，是面向对象技术中的一个元数据建模标准）的数据、元数据、元模型、元元模型的模型规范体系，可实现任意形态数据的元数据模型定义与关联，从而建立数据资源的支撑与管理平台。对元数据的掌控为数字化建设提供数据的标准规划、开发利用、运行管理与质量反馈等全生命周期支撑管理，承担各个组成部分的衔接和协作。

从常见分类方法来看，元数据通常分为业务元数据、技术元数据、应用元数据与管理元数据。

1）业务元数据

业务元数据描述数据所承载的业务意义，包括业务名称、业务定义、业务规则、业务描述等信息。业务元数据用于表示企业环境中的各种主题概念与逻辑定义，从一定程度上讲，所有数据背后的业务上下文都可以看作业务元数据。

2）技术元数据

技术元数据描述数据存储系统、流转过程、计算逻辑等技术实现，包括数据存储系统、物理模型结构、ETL过程、计算脚本逻辑等信息。

3）应用元数据

应用元数据描述信息系统中对业务功能从需求、功能设计、前端界面、后端逻辑到数据操作的全过程。可以看出应用元数据是对应用系统的逻辑定义，因此应用元数据是既包含业务要素也包含技术要素的一类特殊元数据。

4）管理元数据

组织内部对数据管理定义的元数据对象，包括组织、角色、人员、权责等多视角管理维度信息。

3. 数据标准化

企业要实现数据驱动业务、数据驱动管理，需要的数据应该是完整的、有效的、一致的和规范的。然而现实中企业的数据并不那么理想，由于没有统一的企业级数据标准，造成"无数可用"，业务信息存在"二义性""数据孤岛""统计口径歧义"和"数出多门"等问题。

- 无数可用指大量重要业务信息没有数据化，导致"无数可用"。
- 信息二义性指同一个业务含义，不同系统信息项（或"字段"）名称不同；或者相同的信息项名称，其业务含义不同。
- 数据孤岛指数据缺乏规范性，制约数据流动、数据共享和数据集成，数据的价值不能充分发挥。
- 统计口径歧义指各业务部门对统计信息的定义、计算公式、统计口径不同，造成理解的歧义。
- 数出多门指同样的信息在多个系统独立存在，数据一致性存在问题。数据质量管理任务重，效率低。

要解决这些问题，企业需要统一数据标准。数据标准是一整套数据规范。数据标准化是通过一整套的数据规范、管控流程和技术工具来确保企业的各种重要信息（包括产品、客户、组织、资产等）在全企业内外的使用和交换都是一致、准确的。

通过数据标准化建设，约束数据架构与明细数据，发现数据问题，设计问题解决策略与方案，优化数据架构，提升数据质量，使企业获得合理的数据架构和可靠的数据。

通过分析数据资产的定义与建设内容，我们可以了解它与数字空间的关系，数字空间需要数据资产来掌握企业业务与信息化系统中的数据资产情况，进行数据汇集融合与共享应用，相关过程与成果还需要在数据资产中进行落地与管理。因此可以发现数据资产是数字空间核心结构定义的管理者与运转驱动者。

4.2.2　千人千面的数据中台

虽然业界对于使用数据中台来解决数据孤岛化、阻塞化、缺失化、困难化等问题的价值导向一致，但大家对于数据中台的定义与范围往往差异较大。因此经常会有数据中台是什么、包含什么的疑问。本节将列出几种业界经常遇到的数据中台定义方式，读者可以逐个对应，看看你心目中的数据中台是什么样的。

1. 基于大数据平台的数据中台

这是一类最常遇到的数据中台定义，是从提供大数据处理能力的视角出发，以Hadoop体系为核心的大数据平台能力整合的应用平台，主要使用大数据平台的分布式存储和计算加工能力，基于Hadoop体系的HDFS、Hive、HBase、Kudu等，再结合MongoDB、图存储等非结构化存储，MySQL、PostgreSQL等关系型存储作为统一数据存储能力，整合MapReduce、Impala、Presto、ElasticSearch等分布式、快速、全文检索能力，以及Spark、Flink等高效计算能力，形成一个整体的能力。

这类数据中台的优点在于针对大数据平台技术体系纷杂的现状，提供了模块整合及统一入口；缺点在于这类数据中台更偏重底层能力，并且每个厂商的存储与处理能力都是自我绑定的，无法解耦与其他厂商适配，导致这类数据中台更像是一个数据底座，以及底座之上延展的计算处理能力。

2. 提供标签画像应用的数据中台

这一类数据中台是从业务应用出发，提供数据采集、数仓构建、标签体系、画像分析、可视化展示等能力的整合应用平台。其特点有以下两个：一是从数据采集、数仓建模、打标签、形成画像到分析展现的全过程实现能力聚合，自下至上构建平台，提供整体解决方案能力；二是基于智能标签和实体画像的能力对数据进行建模、查看、管理及使用。

这类数据中台主要面向具象化的行业需求，例如客户画像营销、人群/客群分析、供应链优化等，目前在消费零售行业领域应用比较广泛。其优点在于，标签的维度越细化，对用户的画像就会越聚焦，就越能为用户提供更加个性化的服务；缺点在于过于聚焦标签画像与分析应用，缺乏在IT整体架构中作为数据中台的支撑能力，没有对业务应用和数据需求的响应。

3. 面向数据服务共享的数据中台

这一类数据中台是从解决企业内外部数据需求的视角出发，将企业的数据资源进行采集融合后，以业务主题的方式进行组织，通过服务化手段把数据资源封装为数据中台服务，支持多场景数据服务需求，集中管理数据，为企业内外部业务与应用需求提供统一的数据服务。具备数据资产管理、数据服务开发、数据服务权限控制与运行监控等能力。数据服务具有API、消息、文件、ETL、在线查询、知识库检索等多种技术形态,通过数据中台统一管理与对接。

这类数据中台主要面向中大型企业内部多板块、多条线、多部门间业务流转和业务应用构建,以及对外数据交互等大量纷杂的数据需求场景。其优点在于统一管理数据共享与应用需求,提供标准化数据服务,可实现对数据交互过程的管理和数据安全控制,扩展数据资源的应用场景;缺点在于这类数据中台往往没有整合数据存储和处理的能力,需要依赖数据底座提供混合数据存储和技术加工能力。

4. 面向统一数据开发管理的数据中台

这一类数据中台是从统一数据开发平台和团队协作视角出发,解决目前多语言、多开发环境、多协作模式的数据开发现状,通过提供一致的平台工具,实现统一管理;优化数据开发成果,也为企业管理者提供管理抓手,管理开发成果,管控数据安全。其特点有以下两点:一是提供整合统一的开发环境,规范开发过程和开发成果,提高数据开发人员的标准化工作水平;二是提供团队协作与管理能力,可以为数据开发团队划分相关资源,实现在线开发协作,对开发成果的评审与提交进行流程化管理,实现开发、测试、试运行、上线等多套环境上数据作业的平滑迁移,达到精细化数据开发管理与安全风险防控的目的。

这类数据中台主要针对大型企业数据开发工作量大、开发团队与人员众多、开发模式混乱的情况,解决团队人员开发与协作难点。其优点在于一致的开发环境下,可形成标准化的数据作业成果,企业数据管理人员也能够更好地管理开发团队、开发人员、部署环境和数据作业,提升开发效率,降低开发问题风险。其缺点在于这类数据中台只是提供开发工具和管理抓手,无法解决企业数据的问题,对数据的管理无相关能力。

4.2.3　狭义数据中台与广义数据中台

在众多数据中台的解释中,最常被提及的有两种,即"狭义"的数据中台与"广义"的数据中台,分别代表不同出发点与视角的数据中台建设思路。

1."狭义"的数据中台

"狭义"的数据中台是由互联网公司提出并逐渐发展而来的,本质是对传统数据仓库的升级,有别于以金融业为代表的具有庞大的分层体系(大型银行一般是六层)、数据集市多主题划分的数据仓库架构。这类数据仓库的优点在于体系成熟和应用稳定,缺点在于过于繁复,对业务变革的响应速度较慢。因此,互联网公司在互联网行业快速更新迭代的场景下,提出了基于大数据平台整合计算引擎、离线开发工具和在线开发平台能力的数据中台定义。

从这个视角来看,"狭义"的数据中台对传统数据仓库升级的能力包括以下四点:

1)存储平台的升级

存储平台从单一的关系型存储,到具备结构化、半结构化、非结构化支撑能力的存储平台,包括关系数据库、分布式关系数据库、大数据平台、文档数据库、图数据库、内存数据库、时序数据库等的混合存储架构。

2)计算引擎的升级

数据处理从通过数据库脚本与ETL工具实现,发展到定时与实时结合、离线批处理与实时流处理结合、多脚本语言程序支持、数据分析与挖掘算法实现等全方位能力的集成。

3)开发工具的升级

在现在复杂的数据处理场景下,需要具备离线与在线开发工具,结合团队协作与权限管理,提供统一的开发环境与管控抓手。

4)可视化展示的升级

数据层与可视化层结合得更加紧密,在数据层之上,通过数据标签体系构建面向业务场景的数据探索和多维度的对象画像,驱动可视化展示的形态与内容。

2."广义"的数据中台

"广义"的数据中台则不局限于对数据仓库领域的升级,我们更倾向于把它定位为对数据领域数据平台整体能力的升级。整合并升级主数据、数据仓库、数据集成、数据处理、元数据、数据标准、数据质量、数据目录、数据服务共享等能力,形成统一的数据中台，凝聚整合能力，为信息系统、辅助决策、业务数据需求、数据共享需求、数据分析挖掘等提供支撑。

"广义"的数据中台是对数据领域全环节中每一个环节的过程、质量、安全以及生命周期的管理。这里的生命周期是从数据的来源创生到使用归档的全过程，统一管理数据，统一对接需求，统一提供场景化的服务结合相关管理规范与方法论，这样才能够形成一个全体系的数据中台。

"广义"的数据中台是对数据领域各方面的提升与整合，因此数据中台需具备如下的核心能力。

1）主数据能力

主数据是企业的核心数据，因此在数据中台的起步阶段，首先需要重视主数据的建设，准确可靠的主数据是数据领域建设的坚实基础。主数据也是全域数据治理的开端，以主数据治理为开始，逐步展开分析数据治理和业务数据治理。

2）数据资产能力

整合元数据、数据标准、数据质量、资产目录、数据模型等从数据资产梳理形成到展示应用的全过程能力，对企业数据资产进行全盘掌控，使业务人员、技术人员都能便捷地查找、理解、获取数据资产。

3）数据处理能力

同"狭义"的数据中台类似，"广义"的数据中台包含对不同存储系统的存储规划与数据流转，数据同步、交换、清洗、转换、计算、加工等处理手段，一致的开发环境与团队协作管理等。

4）数据服务能力

通过数据中台提供统一供数能力，以数据服务的形式进行数据提供，支撑数据共享需求，对接各类数据应用场景，包括API、消息、数据文件、在线查看等多种手段。

概括起来说就是，无论是"狭义"还是"广义"的数据中台，都是根据企业数据领域架构优化和具体需求而设计的解决方案，因此我们首先要理性认识并明确它们的定位与差异，然后从对企业的价值及在IT架构中的定位出发，在"狭义"与"广义"的数据中台中选择适合的架构进行落地实施。同时，在落地实施过程中必须结合企业实际情况，因地制宜进行改良和优化。

4.2.4　数据中台与业务中台

1. 数据中台和业务中台的区别

业务中台是抽象业务流程中的共性服务，提供可变点插入，形成通用的服务能力。比如，我们曾经实施过某金融机构的零售产品中台，零售业务对象包含2C、2B，但是其中用户中心、产品中心、订单中心、交易中心等都是具有共性的，我们将这些组件进行抽象，在模型中定义可变点，不同场景下2C、2B的主体业务模型不变，在特性上通过模型可变点插入，基于业务中台这些组件的端到端的服务能力，可以快速地搭建前台应用。用户通过这些前台业务触点使用中台提供的服务能力，这样，业务中台不直接面向终端用户，但是可以极大地提高面向终端用户的前台系统的构建速度和效率。

而数据中台则是汇集数据并整合数据能力，形成数据服务，为共性的业务需求、个性的创新需求、数据挖掘价值需求等提供统一支撑。比如，原始渠道的推广数据、私域流量数据、成交客户订单数据、互联网公开数据等通过数据汇聚化、资产化、服务化，形成线索、商机、营销活动、订单、维修等数据资产及之间的关联信息，构建客户画像体系，基于全要素多维度的客户域数据生成数据服务，用于企业的主动营销、精准投放、智能风控、产销平衡等业务场景。通过统一的数据体系，数据中台提供了多样化、丰富的数据服务形态。数据中台也将极大提升数据开发的效率，降低开发成本，同时可以让整个数据场景更加智能化。

2. 数据中台和业务中台的关系

数据中台与业务中台的关系，用一句话来概括就是"数据自业务中来，再被用到业务中去"，如图4-2所示。

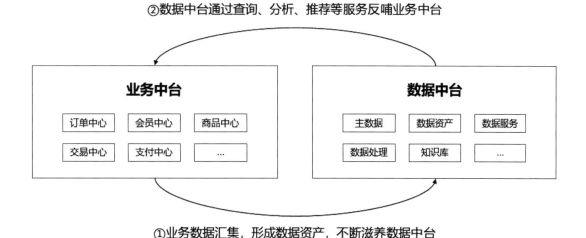

②数据中台通过查询、分析、推荐等服务反哺业务中台

①业务数据汇集，形成数据资产，不断滋养数据中台

图 4-2　数据中台与业务中台的关系

从图中可以看到，业务中台是业务数据的产生来源，业务中台产生的业务数据会被数据中台收集、清洗、加工并纳入数据中台，业务中台并不是数据中台的唯一数据来源，其他信息系统如ERP/HR/CRM等数据、物联网数据、外部数据会与业务中台数据一并进行连接、校验、融合，形成企业级的数据资产，数据资产会在数据中台中不断更新迭代，同时也会创生出对企业有价值的新的数据资产，这也是数据中台作为统一数据体系的意义和价值。

数据中台可以提供多种形态的数据服务，比如数据API、数据查询、知识检索、智能助手、数据分析、智能推荐等服务，帮助业务中台在业务流转和业务环节中实时获取到准确可靠的数据，或者得到数据分析与挖掘的成果支持，可以使业务系统拥有"全维度""智能化"的能力，并从信息化的业务系统升级成为一个智能化的业务系统。

4.2.5　数据中台与数据仓库

无论是"狭义"数据中台，还是"广义"数据中台，共同部分都是包含对传统数据仓库的升级。那传统数据仓库为什么需要升级呢？首先，传统数据仓库的范围和形式都存在局限性和单一性，大多是结构化关系型数据，存储使用中心式关系数据库；其次，传统数据仓库基于维度事实模型体系构建；最后，传统数据仓库主要面向报表和BI场景，并且BI场景也多为预定义，使用者只能在有限多维模型内进行上钻、下钻等分析，智能化水平和自由度较低。

因此，数据中台与传统数据仓库的升级点包括如下三点。

1. 数据逻辑划分多样化

在当前数据来源与应用多样化场景下，根据数据类型和应用需求的不同，数据的形态和数据应用的需求也不同，因此需要对数据中台的数据区域进行逻辑划分，用以适配不同的数据形态和不同功能的需求。数据逻辑划分示例如图4-3所示，将数据中台的数据区域划分为对内共享交换区、分析数据区、对外开放区和数据实验区。

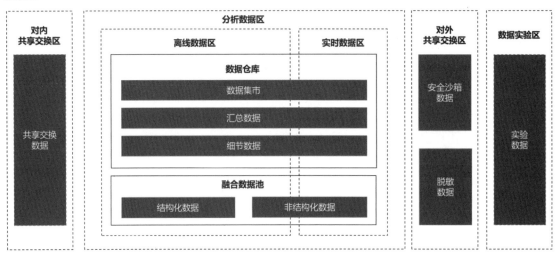

图 4-3 数据逻辑划分示例

1）对内共享交换区

对内共享交换区主要面向企业内部各类数据需求，统一提供所需的数据逻辑融合和管理。共享数据大多来自业务系统，少量来自业务数据文件或数据填报。根据不同企业数据中台建设策略，共享交换数据可能存储在融合数据池、数据仓库的ODS区、源业务系统中等多个地方，但在逻辑层面上，需要对共享交换数据进行逻辑层面的拉通与统一管理。

2）分析数据区

与传统数据仓库一样，分析数据由汇总的融合数据池与分层体系的数据仓库组成。数据仓库按照通用标准一般划分为细节数据、汇总数据、数据集市三层。分析数据的不同分层可能需要物理存储系统不同，例如融合数据池、细节数据、汇总数据选择MPP或者Hadoop平台，数据集市选择关系数据库。此外，对于结构化数据和非结构化数据，也可能需要不同的物理存储系统。

3）对外共享交换区

对外共享交换区用于承担企业对外数据上报、行业共享、数据交易等数据共享需求。涉及数据对接过程中的数据安全管理，包括基于数据分级的数据脱敏、使用隔离虚拟环境的安全沙箱等。因此，对外共享交换区不止涉及数据存储系统的规划，还需要虚拟环境或容器环境的支持。

4）数据实验区

对于敏感数据或专题分析，可以规划数据实验区。它与安全沙箱类似，使用虚拟环境或容器环境，由数据中台初始化数据库实例，并根据分析需求导入原始数据。使用者可自行安装部署数据分析挖掘工具。

2. 数据存储架构多样化

经过大数据时代的多年发展，数据存储系统已经由单一的关系数据库，逐渐过渡到MPP和以Hadoop为核心的大数据存储系统体系。常见的存储系统如图4-4所示。

图 4-4　常见的存储系统

1）关系数据库

如MySQL、PosgreSQL等。在大数据时代，仍需关系数据库来解决复杂关联和事务操作问题。

2）MPP 数据库

如GreenPlum等。多为基于传统数据库的分布式并行集群，主要用于OLAP（Online Analytical Processing）场景。

3）分布式数据库

如Hive等。这是面向海量数据的分布式存储系统，在较大数据量的处理场景上有优势。

4）列式数据库

如HBase、Vertica、ClickHouse、Kudu等。这是以列相关存储架构进行数据存储的数据库，主要适用于OLAP场景下的批量数据处理和即时查询。

5）分布式全文搜索引擎

如ElasticSearch等。这类存储系统提供基于海量数据索引的快速全文检索能力。

6）KV 数据库

如Redis、RocksDB等。这类存储系统是key-value数据库，即一种以键－值对形式存储数据的数据库，具有高速读写的优势。

7）时序数据库

如InfluxDB、Kdb+等。这类数据库主要面向物联网传感数据等基于时间序列线性增长，从而生成数据量巨大的时序数据处理场景。

8）文档数据库

如MongoDB、CouchDB。这类数据库主要面向文档数据，即非规范化、没有明确结构定义的数据的存储与应用。

9）图数据库

如Neo4j、JanuasGraph。这类存储系统是以图结构存储数据的数据库系统，主要面向知识图谱等应用场景。

10）HTAP 数据库

如OceanBase、AlloyDB、MySQL Heatwave。这是一类既支持OLAP能力，也支持OLTP能力的新兴数据库。

3. 数据加工计算多样化

传统数据加工计算多以批处理为主，随着数据需求的时效越来越快，批处理的响应能力逐渐力不从心，因此产生了流式计算与流批融合计算的能力。

1）流式计算

流式计算是指对于流数据（或数据流），在每笔数据产生后实时传输接入，不进行数据落地，而直接进行加工计算的过程。流式计算框架包括Flink、Spark Streaming、Storm等。

2）流批融合计算

流批融合是指整合流式计算与批处理能力，包括实时数据传输接入（如Kafka Connect）和流批一体计算能力（如Flink），既满足实时数据计算需求，也满足批量数据计算需求。

4.2.6　数据中台与主数据

主数据是指描述企业核心业务，参与业务环节流转的数据实体。它是可在企业内部跨流程、跨系统、跨部门间共享的具有高价值的基础数据，是业务部门之间、信息系统之间进行数据交互的基础，也是业务运行和决策分析的基础。

数据中台是对企业所有业务数据的汇集、融合、管理与应用支撑，因此主数据是数据中台建设中的首要内容，主数据的建设也往往是很多企业数据中台建设的起始阶段。

传统的主数据是相对"固定"的、变化缓慢的、偏静态的，但在当今数字化转型和架构重塑的趋势下，传统主数据已经越来越难满足业务快速发展迭代的需求，新一代主数据必然要升级以满足对信息系统和分析系统的支撑需求。主数据在发展过程中演化出诸多新特性，说明如下：

1. 主数据包括更多关联信息

在数字化转型的数字化应用建设需求下，需要主数据提供更丰富的内容支撑。传统分领域的主数据，更多是对静态对象的管理，只包含对象数据记录，例如产品、物料、客户、供应商组织、人员、项目等。在数字化转型的建设需求下，主数据需要有更多关联与扩展信息。以人员主数据为例，不仅包括人员基本信息，还包含工作经历、家庭信息、奖励信息等扩展信息。此外，还存在内部人员、劳务人员、产线人员、保卫人员等细致划分；还具有人员与组织关系、人员与班组关系、人员与岗职位关系等多种关联关系，从而才能够支撑未来创新的应用需求、一体化平台的需求、数据分析的需求和数据共享的需求。

2. 主数据更动态化

随着主数据的发展，其范围越来越大了，不仅包括缓慢变化记录（比如客户的信息、物料的相关规格），也会把一些比如像汇率、产品价格、库存量、实际采购量等动态化的数据纳入主数据的管理范畴。这是因为越来越多的应用建设需要这些动态化的数据，例如财务共享的应付、应收、报销、总账都会涉及汇率；产品价格会被自营销售渠道、代理销售渠道等多销售渠道共享，而且在现今大市场环境下，相当多行业的产品价格的变化是非常频繁的。这里就会产生一个主数据逐渐由静态向动态发展的过程，在一定（有限）条件下，会把一些接近动态化的数据纳入主数据管理。

3. 主数据应用更实时化

传统的主数据应用主要采用定时推送、增量数据标识接口的定时调用等手段提供数据。现在的主数据会更加便捷与快速地对接需求方，以实时数据API方式提供服务，这样主数据的使用者，无论是业务系统还是数据仓库，都可以实时地获得主数据的变化，实时地运转业务流程或展现最新的分析结果。例如，在审批流程运转中，实时获取最新的人员角色状态，在人员异动的同时实现审批流转实时切换，可以有效地防止因人员异动导致的审批越权问题。

4.3　数字空间与数据中台的核心架构

4.3.1　业务数据化、数据业务化、数据资产化

1. 业务数据化

所谓业务数据化是指将业务过程中产生的各种痕迹或原始信息记录下来并转变为数据的过程。业务数据化并非什么新鲜事，实际上从OA系统、CRM系统到ERP系统，这些都是业务数据化的典型代表。

数字化时代，业务数据化包括业务对象数据化、业务规则数据化和业务过程数据化：

1）业务对象数据化

业务对象数据化就是建立对象本体在数字空间的映射。业务对象是企业中重要的人、事、物，承载了业务运作和管理涉及的重要信息。每个业务对象都有唯一的身份标识，相互独立并有属性描述，并且可以被实例化。业务对象通常分为事务型，例如合同（包含编号、签订日期、金额等属性）；资源型，例如组织、产品（包括编码、序号、分类等属性）；控制类，例如项目计划（包括编码、开始时间、结束时间等属性）；建筑行业的特点决定了还有第四类建筑对象，即BIM模型表示。

2）业务规则数据化

实现业务规则与应用的解耦，规则可配置。业务规则是企业内部定义业务事实、约束和控制业务行为的标准或声明，例如薪酬计算、销售佣金计算、银行利息计算都是业务规则。规则数据是支撑业务规则的核心数据，主要描述规则的变量部分。

3）业务过程数据化

业务过程数据化是实现作业过程、轨迹自记录、信息化协同的数据化，利用传感器、IOT等技术，对业务对象的行为过程进行监测并形成观测数据。观测数据通常数据量较大且是过程性的，由机器自动采集生成，无须人工干预，需结合实际业务场景才能产生价值。

2. 数据业务化

业内对于数据业务化的概念和内涵并无统一说法，大家普遍的认知都是来自阿里集团内部关于"一切业务数据化，一切数据业务化"的说法。数据业务化是指通过对业务系统中沉淀的数据进行二次加工，找出数据中的规律，让数据更懂业务，并用数据驱动各个业务的发展，将数据渗透到各个业务的运营当中，让数据反哺业务，最终释放数据价值，完成数据价值的运营闭环。以上定义侧重于从运营的角度来阐释数据的业务化，强调数据对业务的理解、渗透和反哺。

数据业务化的手段可以将数据按业务流/事件、对象/主体、指标数据与算法进行整合与连接，支撑业务的推演和根因分析。例如建立合同、订单的多维分析模型，按产品、时间、地域等维度分析合同、订单的占比、变化趋势等指标，帮助营销决策；也可以按对象主体进行连接，例如根据供应商、自然人之间的关联分析供应商风险；还可以按结果、质量、效率等维度进行经营指标的分析，实现经营预警。

然而，这个定义并未揭示数据是如何驱动业务运营的。在实践过程中，尤其是信息化开展比较晚、数据架构不是很清晰的企业，又出现了新的"数据孤岛"，同数不同源、同源不同数的情况大量存在，例如在建设成本管理系统的时候，成本数据的归集变成了成本系统的事情，而成本系统只关心和自己相关的数据，无法为其他系统提供完整的数据服务，造成其他系统又要自行归集。

对于构建数字空间而言，这是需要面对的核心问题之一，因此我们提出了"数据资产化"的概念，在业务数据化和数据业务化之间进行解耦。

3. 数据资产化

数据资产化的重点在"资产"二字，就是让数据成为可评估、使用、计量的资产，让数据的管理与运营成为业务或者产品：在数据整合的基础上，将数据进行产品化封装，并升级为新的业务板块，由专业团队按照产品化的方式进行商业化推广和运营。以数据为主要内容和生产原料，打造数据产品，按照产品定义、研发、定价、包装和推广的套路进行运作，把数据产品打造成能为企业创收的新兴业务。

业务数据化是数据的浅层应用，数据业务化是数据的深层应用。前者是前提和基础，后者是前者的延伸与深化，而数据资产化则是它们之间的桥梁。

首先，通过数据资产化形成企业共通的数据语言。数据在企业内部不能被充分应用的最大障碍是存在语言壁垒，数据资产化意味着在公司内部形成共同的"数据语言"，各部门为了统一的分析目的，形成各自对应的统计标准，在运营过程中实时对数据进行收集汇总分析。其次，形成企业数据资产化之后，数据资产会渐渐成为企业的战略资产，企业将进一步拥有和强化数据资源的存量、价值，提高对数据资产进行分析、挖掘的能力，进而会极大提升企业的核心竞争力。最后，数据资产产权问题将得到明确，并能够随着法律制度基础和管理能力的提高而完善，建立以数据资产为核心的商业模式实现资产保值增值的目的。

所以，我们提出业务数据化、数据业务化、数据资产化的数字空间建设目标，在第6章会有详细阐述。

4.3.2　数字孪生、数字溯源

数字孪生，英文名叫Digital Twin（数字双胞胎），也被称为数字映射、数字镜像。官方定义是利用物理模型、传感器更新、运行历史等数据，集成多学科、多物理量、多尺度、多概率的仿真过程，在虚拟空间中完成映射，从而反映相对应的实体装备的全生命周期过程。简单而言，就是在数字世界中创造一个"数字克隆"。广义的数字孪生，不仅是物理世界客观存在的物体，还包括不一定有实际物体但客观上存在的事物，例如订单、项目、账户、计划等，都会在数字空间建立一个"数字克隆"。数字孪生建筑对建筑产业将产生不可忽视的冲击力，是整个建筑业转型升级的核心引擎。当然，数字孪生建筑的推动绝不是一个企业可以完成的，这必将是一个行业内多方共同搭建的平台，基于数字孪生建筑平台实现整个建筑业的数字化、在线化、智能化，并最终实现未来建筑的美好愿景。

数字溯源，这个名字是由Digital Thread直译过来的，和数字孪生一样，最早来自制造业。它从基础材料、设计、工艺、制造以及使用维护的全部环节，集成并驱动以统一的模型为核心的产品设计、制造和保障的数字化数据流，成为制造商、供应商、运维服务商和终端用户之间强有力的协作纽带。

传统的数字化制造数据是由产品模型向数字化生产线单向传递，而且不同环节之间尚未有效集成（产品设计与工艺之间、数字化测量检验与产品定义之间都缺乏有效的集成和反馈）。而Digital Thread统一了数据源，产品有关的数字化模型采用标准开放的描述，可以逐级向下传递而不失真，也可以回溯。

可以这样理解，Digital Twin将物理世界的实体在数字空间中建立了"数字克隆"，用于模拟与仿真；而Digital Thread则把各个不同状态的克隆体连接起来，形成就像一个人从胎儿、婴儿、儿童、少年、青年、中年、老年到死亡的过程，在这个过程中可以观测、模拟、仿真整个人体与任何器官的状态与变化。

我们把Digital Thread翻译为"数字溯源"，更加能体现它的本意。在数字空间中，我们就是要打通企业各个板块（投资、融资、建设、管理、运营）、业务各个阶段（规划、设计、施工、运维）、生态上下游（供应商、工程、业主）的数字化连接，面对同一件事，将不同来源的数据整合并可视化地呈现出来，表达事情的来龙去脉和发展程度，让不同人从不同角度快速看明白同一件事情的结果与趋势。

数字空间的建设，就是在广义"数字孪生"基础上整合纵向（内部业务）、横向（外部生态）数据，建立"数据溯源"的能力，为前端应用提供有质量保证的、血缘关系清晰的数据服务。这样，通过数字空间，我们不仅可以事先知道每个阶段、每个状态的数据，而且还能知道各个状态间数据是如何转换和变化的，可以预测事物未来的发展状态，观察预测和实际情况之间的差异，找到产生差异的原因，优化业务流程和预测的能力。

有了"数字孪生"，更要"数字溯源"。

4.3.3　核心架构

所谓架构，就是把一个整体（所有工作）切分成不同的部分（分工），由不同角色来完成这些分工，并通过建立不同部分相互沟通的机制，使得这些部分能够有机地结合为一个整体，并完成这个整体所需要的所有活动。

数字空间和数据中台的架构，也是从分工的角度出发，将不同类型、不同功能的数据按照场景进行分类，由不同的组件完成相关的管理工作。这里，我们将数据管理的职能分为三个层次，即企业内基础数据的管理、企业内外整体数据资源的管理和企业运营指标的管理，并分别由全局数据库、数据资源平台和智慧运营中心承担。

数字空间体系架构如图4-5所示。

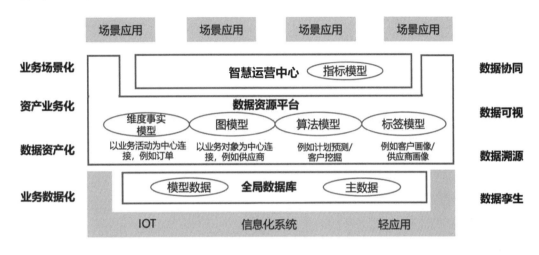

图 4-5　数字空间体系架构

1）全局数据库

全局数据库负责治理和运营跨系统、跨职能、跨部门的基础数据既有企业运营必须的组织、人员、科目、产品、供应商、项目、合同等结构化数据，也包括需要在规划、设计、建造、运营各环节流转的BIM数据。建立基础数据库后，各业务系统不再保留基础数据，一切以全局数据库为准。需要说明的是，这是一种最理想的情况，在过程中也会出现主、辅数据源数据同步的情况或暂时以某系统数据为准的情况，我们在"第5章　全局数据库"中会详细介绍。

企业运营的结构化数据属于传统主数据范畴，在"3.1　数字空间的理论基础"中已经进行了阐述。但BIM模型是一种特殊的主数据，从计算机技术的角度看，BIM模型是一个可扩展的结构化模型，将建筑表示为图状结构，包含部件的几何信息和非几何信息（例如供应商参数、工艺参数、物料参数等）。但是在企业中，往往将BIM模型作为文件存储，人为地变成了非结构化数据，不利于建立数据的连接，无法与其他数字化系统打通、联动，也很难在各环节之间双向流转（例如施工期间的变更体现到设计阶段），影响了资料的移交和后期的运营。

全局数据库采用对象存储，保存BIM模型，同时提供Revit等设计工具的插件，可以让设计人员访问全局数据库，按项目和版本模式加载BIM文件，并存储BIM文件的版本变更和BIM文件之间的关系（例如一个项目的多个文件，或者主文件与从文件），通过这种手段建立了各个阶段间模型的关联，保证每次变更都有据可查。

版本化的对象存储解决了文件之间的关联，但是没法解决BIM模型与其他业务数据的连接。例如，在设计中某构件采用某供应商的材料，包含了该供应商的信息，如果供应商信息有修改，就没法在BIM模型中体现出来。针对这个问题我们采用数模分离的方式，所谓数就是BIM模型中的非几何信息，所谓模就是BIM模型中的几何信息，通过程序将BIM模型中非几何数据抽取出来，单独保存为结构化信息，通过构件编码与BIM模型保持关联。

2）数据资源平台

数据资源平台与全局数据库的第一个不同点是，全局数据库是将各业务条线、各业务系统的基础数据进行集中管理，从而达到模型一致、数据统一的目的，业务系统不再保存基础数据；而数据资源平台则是将各系统的数据汇集起来，建立数据间的关联关系，建立多维分析的模型，为数据分析、指标呈现、数据挖掘等提供数据服务。

数据资源平台与全局数据库的第二个不同是，数据资源平台包含的不仅是企业内部的数据，还有来自外部的数据，例如来自天眼查的供应商信息、来自百度的舆情信息，因此需要对外部数据进行集中的管理。

两者的第三个不同是，数据资源平台的数据大多是加工过的数据，例如将订单数据从订单系统抽取后，将订单的产品、销售区域、供应商、时间等维度按数据仓库建模的理论加工为订单多维模型，供数据分析、指标呈现使用；再如以供应商为核心，将供应商的关联企业、自然人、舆情、产品等关联起来，建立图模型，可以为供应商风险监控提供依据。

数据资源平台为数据资产化提供了手段，没有整理的数据就像没有探明的矿藏，是没有意义的。数据资源平台不仅存储数据，而且主要服务于数据的治理、运营，对外以数据服务的方式提供给管控中心和场景应用使用，这就要求数据资源平台提供数据资源目录，让使用者可以快速、安全地检索、申请、获得数据；对内提供数据加工计算、共享交换的能力，让使用者能便捷、准确地进行数据的开发、集成、发布，同时提供数据治理手段，提高数据质量。

3）智慧运营中心

智慧运营中心主要进行指标模型的管理，数据主要来自数据资源平台。之所以将它单独提出这个概念，是因为指标建设的关联部门、知识结构等相对特殊。智慧运营中心需要逐步建立一套完整的企业运营指标体系，覆盖外部监管、企业运营能力评估、企业过程业务指标和现场操作管控四个维度，为企业战略落实和运营管控提供可视化依据。建立从业务调研、模型设计、原型设计、开发发布、监控效能的指标研发过程，并形成以指标族谱为核心的指标治理体系，避免指标泛滥造成的口径不一致、准确性不高、同标不同源的情况。

数字化转型往往从指标中心的建立开始，因为数据的可视化能够让人们更直观地了解事情的来龙去脉，建立统一的沟通语言，逐步养成数字化的思维模式。同时可以基于指标建立数据质量的评价体系，以便于数据质量的持续提升。

第 5 章

全局数据库

全局数据库的目标是依靠统一的方法、标准与工具，管理和存储企业跨业务条线、跨部门、跨组织、跨系统的基础数据。这些基础数据既包括主数据，也包括建筑信息模型BIM、城市信息模型CIM等贯穿投资决策、规划设计、建造施工、运营维修等阶段的模型数据。

基础数据的唯一、准确、及时对建筑企业乃至于各行各业都至关重要。基础数据混乱，发挥数据要素的作用就无从谈起，至少是大打折扣。数字化转型无论从何处入手，都离不开基础数据的治理，尤其是主数据治理工作。

全局数据库实现了主数据与应用的分离、模型数据与建筑各生命周期工具的分离，确保关键数据牢牢地掌握在企业自己手里。

本章我们将介绍统一基础数据管理的价值、全局数据库的关键架构和主要功能、主数据实施和维护的流程，并给出了关键主数据的示例。

5.1 集团企业基础数据管理面临的挑战

5.1.1 基础数据不统一导致数据不可信

企业信息化建设的早期，业务系统的构建大多是以实际业务为核心，从下至上构建系统，缺乏统一的规划，从而导致一些需要在各个业务中共享的主数据被分散到各个业务系统中。

分散管理的主数据由于缺乏一致性、准确性和完整性，普遍存在以下问题：

（1）数据缺乏连接，关键信息形成孤岛，组织间互不信任，重复记录，数据不能跨组织传播。

（2）数据口径不一致，具有相同含义的数据项在不同的业务部门或业务系统中的值域或业务规则不一致，组织间无法达成一致，数据有冲突，数据质量问题会引发业务流程和交易的失败。

（3）高价值数据筛选难，不正确或丢失数据造成合规性和绩效管理的问题，甚至导致决策者做出基于错误数据的错误决定。

（4）数据源头不一致，导致各部门根据业务需求各自进行数据的分散维护，维护流程不统一，数据维护得不到有效认可，直接影响主数据的数据质量和数据唯一性。

例如人员信息数据，同时存在于人力资源部门人事信息管理系统、信息中心的账号管理系统、财务部门的薪酬管理信息系统中，由于不同系统相对独立，各部门管理范围不一样，维护的属性、定义、标准、编码规范均不统一，因此可能出现数据大小写不一致（如规格型号，有大小写之分）、命名方式不一致（如重名的人员在系统A中为李欣A，系统B中为李欣1，系统C中为李欣（男）等）的情况。

建筑企业中，主数据导致的具体问题包括：

（1）项目：项目数据的维护标准不统一，导致项目的预算与实际不统一、核算项目与实际项目不统一。

（2）供应商：没有统一的供应商管理流程，各组织的供应商管理系统相互独立，重复供应商的存在不利于科学的采购决策。

（3）客户：没有客户分类和层次结构管理，重复的客户维护流程导致多头录入，浪费了人力物力，还经常出现信息不一致的情况，使得业务方满意度非常低。

（4）物料：集团范围标准不统一，冗余数据多，物料属性信息缺失，分类标准有重叠，编码长度不统一，数据不同步，计量单位不统一，一物多码现象严重，不仅导致库存积压、资金占用，也无法进行科学准确的采购预测。

（5）组织：信息无法满足行政、财务、工程、科研等各业务条线的要求，试图以行政数据为准，导致行政维度的数据项多、组织机构（包括虚拟组织）与行政业务无关，人力资源部门不愿意配合维护。

5.1.2 模型数据难以贯穿建筑全生命周期

信息断层的传统业务模式，对于实时管理要素及生产要素的把控"一问三不知"，而BIM、CIM等模型技术让各阶段数据能够集成、流通、分析、应用。我们希望基于唯一的BIM模型数据源，能够将多参与方产生的项目相关信息、频繁修改的工程信息、沟通信息、项目更改信息等汇集起来。通过统一的数据规范及口径，将大量冗杂的项目信息提取、清洗为分门别类的有效数据，实现工程项目全流程数据的有效共享及复用。然而在传统的工程项目中存在以下问题：

（1）不同企业、企业内部的信息化水平不一，且普遍使用不同的信息管理系统，BIM、CIM模型的工具、标准也不统一，缺少标准的构件库。企业之间的沟通方式较为传统（电话、微信），模型数据以通过邮件、微信方式传递，项目相关数据难以进行有效集成及二次利用。在投资、设计、施工、运维各阶段无法及时反馈设计方案、设计难点；不能基于施工过程的反馈快速修改图纸；不能前置运维需求，提前考虑管线预留。

（2）BIM、CIM模型数据与各信息化系统、主数据间无法实现数模联动，各信息化系统、主数据的变更难以及时同步到模型数据中，导致数据不一致。

（3）生态伙伴之间的沟通往往是独立进行的，沟通关系形成蛛网结构，沟通信息难以及时同步至关联的多个参与方，项目信息流转速度慢。

5.2 全局数据库的价值框架

5.2.1 数模分离支撑数据协同

构建贯穿全生命周期的建筑数据，并对数据进行分析及复用，才能最终实现以数据为驱动的数字化建造业务模式。全局数据库对BIM、CIM等模型数据进行集中管理、存储、共享，避免了以往模型数据手工复制、手工分发的情况，让建筑数据在全生命周期中可以实现同一对象与单一数据源。

同时，全局数据库提供模型数据的版本管理能力，与工程项目主数据打通，每次BIM模型数据的变更都会成为一个新的版本，设计工具可以通过全局数据库的接口选择项目对应的版本，变更在特定版本中体现，保证了每一次变更的留痕。

对于版本化的模型数据，上一阶段的特定版本数据可以作为下一阶段的输入，下一阶段的模型不再重新开始，而是根据上一阶段的模型数据进行叠加。下一阶段的更新也可以自动回写或者审批回写到上一阶段的模型中，当然也会产生一个新的关联版本。版本与版本之间的关联关系让模型数据可以全局变更双向联动。

以全局数据库支撑数据协同如图5-1所示。

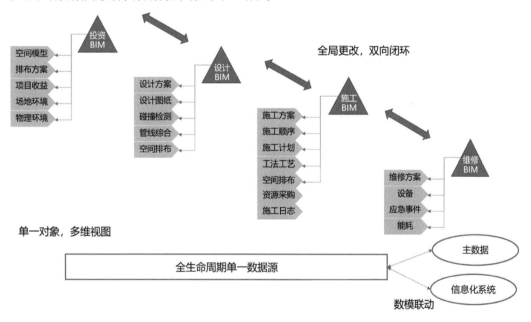

图 5-1　以全局数据库支撑数据协同

全局数据库提供的数模分离、模数联动的方式，将BIM、CIM模型结构化分解，通过特定规则与业务数据、主数据建立映射关系，业务数据、主数据的改变能够快速反映到模型数据中。

全局数据库为业务各阶段、产业链生态的协同提供了完善的数据共享机制，为数据协同提供了基础。实现数据协同还有很多工作，例如构件标准的一致，不同格式模型的转换，当然，这些都可以通过演进迭代逐步解决，但全局数据库的提出在架构上确定了这些工作的责任主体始终一致。

5.2.2 流程简化降低运营成本

全局数据库中数据具备业务价值，因为一旦各个业务系统的基础数据不一致，就会导致交互体系出问题，轻则影响效率，重则影响业务或者项目的开展。而在业务出现问题的时候，进行反向寻找，发现问题后进行更改，然后再进行同步，所耗费的人力及时间成本巨大，也会造成资源浪费。

通过全局数据库的建设，企业逐步将组织、人员、物料、资产、财务科目、项目等信息按统一模型集中存储、按需使用，消灭了同数不同源现象，让数据的流转代替了手工单据的流转，不再重复录入，并支持日后核对，能够达到简化业务流程、降本增效的效果。

同时，高质量的基础数据也提高了业务分析的准确度和企业管理的水平，满足法规的要求，降低业务风险。

5.2.3 新型基础设施增强架构灵活性

全局数据库不是一个业务系统，而是一个后台的服务系统，为前端应用提供基础数据服务和增值数据服务，因此它更像是一个IT基础设施，是一个提供能力的平台，不直接承担业务。

和其他IT基础设施一样，全局数据库提升了IT架构的灵活性，确定了共享数据管理的职责，解决了以下问题：

1）改变了数据传递的方式，降低了维护成本

当系统间进行数据交换时，这样的数据可能成为一条交易数据，而交易数据通常会引用一条或者多条基础数据。如果没有全局数据管理，那么交易数据的传递需要进行两个系统之间基础数据的映射工作。在进行大面积基础数据映射工作时，就

会形成网状结构，数据将难以维护。全局数据管理可以避免基础数据的映射工作，从而减少网状结构的出现，使数据更易于维护。

2）解决了数据集成的问题

多个建设项目参与方在工作交接中需要很多数据。由于各参与方使用的工具（计算机软件）不同、数据处理方法也不同，因此导致各环节间只能一遍一遍地重复录入信息，效率很低。各方往往只录入自己需要的信息，这也是导致信息缺少、信息冲突的主要原因。对于自动化的数据集成和数据共享交换而言，离开了主数据的统一，共享的数据质量将变得不高，仍然要进行多端的数据清洗，这样做不仅成本高，而且效果差。全局数据管理可以将各个参与方的数据集成到一起，提高了信息的一致性和准确性。

3）解决困扰 IT 的信息模型统一问题

由于建设项目信息量大，因此信息在存储过程中需要分类处理。随着环境的变化，同一事物也会产生不同的版本信息。但传统方式中各参与方之间缺少统一的标准，各阶段各版本之间难以建立关联关系，影响了信息的使用。全局数据管理可以通过规范化数据模型，实现信息之间的关联和交流。

5.3　全局数据库核心架构

5.3.1　全局数据库与业务系统的关系

全局数据库负责存储跨业务系统的基础数据，基础数据分为BIM、CIM等模型数据和财务、组织、人员等主数据。模型数据采用对象数据库存储，提供模型的检索、存储、版本控制等能力。可以开发Revit等设计工具的插件，让设计工具通过插件检索模型、发布模型，避免模型文件存放在本地的情况，从而集中管理模型数据。

主数据采用关系数据库存储，同样提供检索和维护的功能。主数据与各业务系统之间既有实时数据访问的需求，也有非实时批量文件交换的场景，需要为全局数据库提供支持。全局数据库与业务系统的关系如图5-2所示。

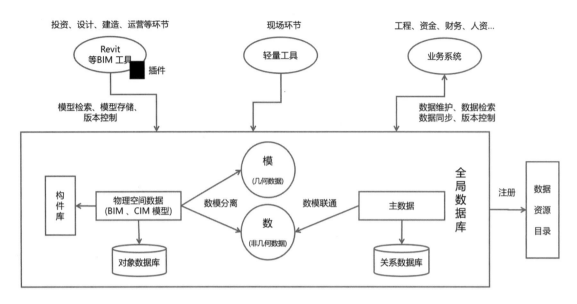

图 5-2 全局数据库与业务系统的关系

BIM、CIM模型中都应该包含几何信息和非几何信息，数模分离的本质就是改变依赖模型带数据的模式，把编码作为挂接几何信息与非几何信息的关联，独立存储和处理数据，并且可以通过工具在轻量化的Web客户端上进行组装。

有了这样的思路就可以知道，实际在存储模型数据后，都会自动产生一份非几何数据，在存储上将模和数分开，可以采用Web工具直接修改数的部分，然后在下载时将两部分重新合成，生成模型数据。当然，也有其他实现方式。

模和数之间的关联是编码，编码需要分为分类、规格、位置（楼栋、楼层）和序列号，这个编码是模和数之间的关联关系，要求在设计中遵循这样的编码，最好有一个标准的构件库。

5.3.2 全局数据库与主数据、数据仓库的关系

1. 全局数据库和数据仓库的区别

全局数据库很容易和数据仓库发生混淆，但其实两者差别还是非常大的：

1）建立初衷不同

全局数据库的建立初衷是为了建立集团内部基础数据的共享，不包括事务数据；而数据仓库建立的初衷是为了汇聚海量数据，建立连接，并产生新的分析数据为数据分析服务。

2）数据量不同

全局数据库中存储的是面向各个业务条线的使用最频繁的数据，量不一定大，但是使用频率一定高，对事务一致性要求高；而数据仓库会汇总大量的历史数据和各个维度的数据，使用不一定频繁，但是一般量比较大，对查询速度的要求高。

在我们建设数字空间的方案中，数据仓库的建设是数据数据资源平台建设的一部分。

2. 全局数据库和主数据的区别

1）范畴不同

全局数据库中包含了主数据，主数据是基础数据的一个子集，全局数据库中包括BIM、CIM等模型数据和主数据。

2）实施过程不同

全局数据库集中存储基础数据，是一个理想的架构，实际上在主数据的实施过程中，很难在起步阶段就集中存储，往往采用一个过渡方案，先以关键系统为准，再进行数据同步，逐渐过渡。

5.3.3　主数据管理的能力框架

基础数据中，主数据的管理不是一个技术问题，80%是业务问题。本小节介绍企业主数据管理的能力框架，分为三个部分，如图5-3所示。

主数据的实施是一个复杂的过程，因为主数据与业务的关联不直接，是一个基础性工作，还要耗费很多资源，可能会导致主数据项目吃力不讨好。

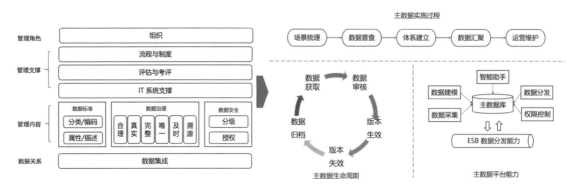

图 5-3 企业主数据管理的能力框架

首先，从场景梳理开始，就非常重要，需要明晰针对的业务场景和效果；数据普查就是一个摸家底的动作；体系建立包括各分类的主数据标准、与其他系统集成方案、主数据维护流程；数据汇聚进行数据采集、清洗；持续运营主数据，发挥业务价值。

其次，需要管理主数据的生命周期。需要指出的是，每个不同类型的主数据维护流程是不一样的，需要分别梳理。

最后，主数据平台是主数据管理能力的实现，包括多维度的数据建模、数据分发、清洗等能力。

总体来说，实施主数据考虑的因素包括管理组织、相应的流程与制度、主数据评估的体系、IT系统如何支撑；建立数据标准和数据安全标准，通过数据治理保证主数据的数据质量，通过数据集成产生效果。

5.3.4 主数据平台建设模式

企业在建设主数据的时候，一定已经存在了基础数据，但是如何实施主数据，对于企业尤其是大型集团企业而言就有了不同的选择。

我们曾经遇到，某集团企业由于多业务形态，近年的投资并购，导致十几个二级单位有四套不同版本的ERP系统，这对于建立集团主数据是一项挑战。

我们建议可以有三种模式，如图5-4所示。

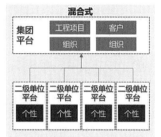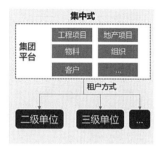

图 5-4　主数据平台建设的三种模式

（1）分散式。在难以集中的情况下，指定某一类主数据的业务负责部门，指定某一系统为某一类主数据的主系统，定期从该系统同步数据提供给各其他系统使用，甚至可以采用并行方式，经过一段时间的数据治理后，逐步统一。

（2）混合式。集团、二级单位都建立主数据库（事实上二级单位往往比集团提前），主数据在二级单位维护，同步到集团，集团逐步治理。对没有建立主数据平台的二级单位，可以直接采用集团的平台。

（3）集中式。集团集中，二级单位租用。

5.4　主数据实施框架

上一节给出了一个实施企业主数据的框架，包括场景梳理、数据普查、标准建立、数据汇聚、运营维护几个阶段，如图5-5所示。本节将针对其中的关键环节给出实施的要点。

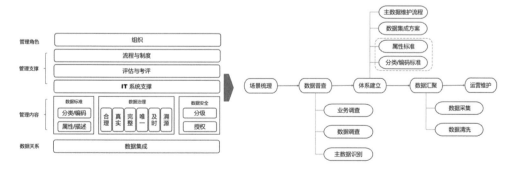

图 5-5　企业主数据实施框架

5.4.1 场景梳理定方向

主数据的相关工作涉及企业的方方面面，短期还不容易见到具体业务效果，为避免主数据实施的范围过多，必须先梳理涉及的业务场景。基于对企业战略的深入理解，分析业务板块全景、各板块的场景地图，再分析各业务领域的端到端场景，以点破面，统筹布局。

以下是建筑企业常见的一些场景：

- 从子公司的角度，主数据管理在财务一体化的基础上逐步拉通商务，再倒逼整合履约、生产、技术线。
- 生产线场景，建造纵向一体化管控。
- 采购履约一体化，通过主数据助力传统采购向供应链管理转型，强化优化供应链管理，发挥集采降本优势。
- 商务经营与决策一体化，主数据支持盈利能力指标标准化落地，助力深入贯彻"大商务"管理，着力提升盈利能力和客户信息的一致性，提高客户服务水平。

主数据实施前，必须厘清面对的业务场景，以便贴合业务价值，看到实施的成效，增加后续工作的信心。

5.4.2 数据普查摸家底

数据普查就是对企业数据进行现状调研、现状评估、差距分析和需求分析。现状调研为用户展示"目前是什么样的"，现状评估为用户展示"目前好在哪里"，差距分析为用户展示"目前差距在哪里"，需求分析为用户展示"下一步应该怎么做"。

1．调查方法

详细调查是分析问题、实施主数据的第一步，传统的调查方法包括资料收集、访谈、实地考察和问卷调查。

2. 资料收集

收集企业现有的文档资料是信息系统调查最基本的方法，也是最有效的方法。收集的资料包括：组织机构、部门职能、岗位职责的说明，业务流程说明与操作规范文件，管理工作标准与人员配置，单位内部管理用的各种单据、报表、报告，历史的系统分析文档。

3. 访谈

访谈是最容易实施的方法，访谈的形式多样，既可以是一对一的访谈，又可以是一对多的访谈。通过详细的面谈，广泛而深入地了解用户的背景、心理和需求等。访谈实施的关键在于访谈问题的设计。访谈法相比其他方法而言，能够得到更加积极、丰富的反馈。访谈能够激发受访者主动贡献、自由表达的愿望，面对面的访谈还可以获得纸质报告以外的信息，比如受访者的表情、情绪等。但是访谈法耗时、成本较高，而且对于分析员的沟通能力要求较高。

4. 实地考察

分析人员来到现场，实地观察和跟踪用户的业务流程，对照用户提交的问题进行陈述，可以对用户需求有更全面、更细致的认识。它的优点是能够获得第一手资料，收集信息可靠性较高。缺点是观察过程容易被其他事物打断，不容易观察到包括各种特殊情形的全部业务场景。

5. 问卷调查

问卷调查法将需要调查的内容制成调查问卷由用户填写，通过回收和整理用户的回答获得用户的原始需求。目前已有很多成熟的商业软件或者小程序用于制作问卷，并可自动导出分析结果，实施的关键在于问卷的制作。

以上是传统调查方法，适用于各种分析场景。

6. 需求引导方法

在数字化领域，为了帮助用户更好地理解全局数据库管理的能力和效果，引导他们发现现行组织管理和业务处理中存在的问题，启发用户更好地表达自身的原始需求，可能会使用一些需求引导方法，比如原型法、JFAD联合会议、观摩法等。

1）原型法

通过快速构建原型并提交给用户来收集修改意见，以明确用户需求。原型法既可针对整个系统应用，也可针对具体功能。原型法的优点是能够给予用户直观感受，促进分析人员和用户深度沟通，准确掌握用户需求，澄清并纠正模糊和矛盾的问题。缺点是要投入额外的工作量和成本。

2）JAD 联合会议

JAD联合会议是一种类似于头脑风暴的技术。在一个或者多个工作会议中将所有利益相关者带到一起，集中讨论和解决最重要的问题。参加人员有高层领导、主管人员、业务人员和技术人员等。JAD会议的优点是可以发挥群体智慧，提高生产力，对问题有更加理智的判断，解决各部门及人员之间的目标冲突，减少犯错。缺点是会议人员多，难以控制整体节奏。

3）观摩法

用户或开发人员参观同行业或者同类型成功的应用系统，通过观摩样板系统对系统的作用、功能、外在效果、人机交互方法等产生认识，通过类比思维来获得新系统的需求，缩短需求分析的周期。

7. 调研原则

1）自上而下和自下而上结合

自上而下的方式是指在调查过程中，首先从组织的最高层管理者开始，然后调查支持高层管理工作的下一层管理工作，最后深入调查更基层的工作。自下而上是通过直接调研组织内部应用系统数据库的方式直接获得相关数据信息。

2）程序化的调研过程

调研过程一般由不同专业人员配合完成，按照程序化的方法组织调研能够避免调研工作中可能出现的一些问题。对个人调研的方式、调研方法所用表格、图例都做统一的规范。

3）点面结合的合理分配

全局数据库中的数据在企业中应用广泛，重要度较高，因此调研必须全面进行。

但是由于调研可能会影响公司的正常生产运行，因此在调研过程中应该有所侧重，优先对数据操作频繁、数据质量要求较高的业务进行重点调研。比如，为了实现建筑企业的集团集中采购，采购部门需要集团级别的物料总体需求预览图，因此，可以优先进行物料数据相关采购、生产业务的调研。

4）调研表

通过各类调研表的使用建立系统评估工具，对现状进行全面分析，包括业务调查（部门业务基础信息调查表）和数据调查（数据资源调查表）。

根据普查情况和主数据识别原则，确定哪些是主数据，以及本期项目实施的范围。

（1）部门业务基础信息调查表。按照集团部门→子公司部门→子公司项目组→子公司信息系统的顺序进行调查，即为自上而下的调研方式，在过程中会形成部门业务基础信息调查表，其涵盖部门业务的基本情况、与数据相关的业务事项名称、描述等信息，如表5-1所示。

表 5-1　部门业务基础信息调查表

序　　号	指　标　项	填写备注说明
1	业务事项名称	
2	业务子项名称	业务事项分解的业务子项
3	业务描述	业务事项或业务子项的目标和处理过程、步骤
4	产生应用系统名称	以上业务事项或业务子项是否使用应用系统记录数据
5	应用系统中和业务相关的资源的中文名称	所使用的应用系统与业务事项或子项相关的资源名称
6	资源使用分类	该资源属于库表类资源还是服务类资源
7	资源层级分类	该资源属于集团级、子公司级还是项目级
8	资源安全分类	资源的安全分类情况
9	资源共享方式	资源可提供给部门间共享交换的方式
10	资源共享类型	资源可提供给部门间共享的类型
11	资源共享条件	有条件共享资源的在共享时应满足的条件

（2）数据资源调查表。通过直接调研组织内部应用系统数据库的方式，或通过填写数据资源调查表的形式收集数据库的资源名称、所属应用系统、信息项等。数据资源调查表如表5-2所示。

表5-2 数据资源调查表

序 号	指 标 项	填写备注说明
1	资源中文名称	描述数据资源内容的中文标题
2	所属应用系统名称	资源所属的应用系统的中文名称
3	资源中所含的信息项名称	资源表中所含信息项的中文名称
4	信息项格式类型	资源表中信息项的数据类型归属的格式类型
5	信息项长度	资源表中信息项的长度数值
6	信息项精度	资源表中信息项的精度数值
7	信息项共享类型	资源表的信息项可提供给部门间共享的类型

自上而下和自下而上的方式可以依据组织的实际情况单独使用或者结合在一起使用。

5）定义命名规则

需要结合业务部门的需求，制定表的命名规则。确定表的命名规则（如表的前/后缀不能使用哪些字符，命名是否必须为全中文等规则）是进行结构化梳理的重要组成部分。

6）梳理系统表

需要梳理业务系统中的所有表，包括业务表以及系统表，梳理的内容包括表名称、表结构、所属类型、是否核心业务表等信息。

7）确定字段含义

梳理业务系统所有的表之后，需要确定表中每个字段的含义，包括表中字段的意义、值域、字典等相关信息。

8）确定核心元数据

因为并非所有的表都需要进行编目，所以需要业务处室剔除过程元数据、系统元数据等。筛选需要编目的表作为核心元数据，是进行分类分级、编目等操作的前提。

9）绘制表关联 E-R 图

需要结合业务处室提交的表的情况，绘制所有表关联关系的E-R图。通过绘制表关联关系E-R图可以为知识图谱、血缘分析等提供必要依据。

5.4.3　数据识别破孤岛

究竟哪些是主数据，这些主数据包括哪些关键属性，是主数据识别最重要的工作。在主数据实施时一定要注意，不是所有数据都是主数据，也不是所有主数据都要识别出来，要根据业务场景确定。

1）识别主数据

识别主数据往往从管控要求入手，梳理企业的人、财、物与工程项目，结合业务目前的痛点需求，根据主数据的基础性、核心性、唯一性、共享性原则来确定。多视角识别主数据如图5-6所示。

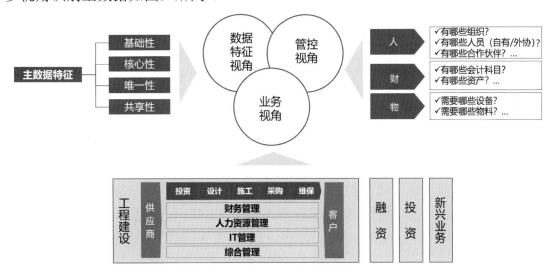

图 5-6　多视角识别主数据

2）参考主数据的定义识别

在信通院发布的《主数据管理实践白皮书1.0》中，对主数据的定义是："满足跨部门业务协同需要的、反映核心业务实体状态属性的组织机构的基础信息。主数据相对交易数据而言，属性相对稳定，准确度要求更高，唯一识别。"

在国家标准《数据管理能力成熟度评估模型》中，对主数据的定义是："主数据是组织中需要跨系统、跨部门进行共享的核心业务实体数据。"

在IBM的*Master Data Management：Rapid Deployment Package for MDM*中认为"主数据是有关客户、供应商、产品和账户的企业关键信息，表示跟踪事物状态的数据。"

*DMBOK1.0*中主数据的定义是："主数据是关于业务实体的数据，这些实体为业务交易提供关联环境。业务规则通常规定了主数据格式和允许取值范围。主数据是关于关键业务实体的权威的、最准确的数据，可用于建立交易数据的管理环境。"

综合上述定义，主数据的核心就是几个关键词：共享，在多个系统、业务中使用；变化缓慢，这是和事务数据最大的区别；唯一，要求具有唯一的识别标志；关联，在多个业务之间建立关联。

从这几个关键词看，共享是第一位的。因此在主数据实施中，就会有很多数据共享的诉求混杂在主数据中。例如合同，从标准定义上看，合同不应该是主数据，但是很多合同信息是多系统共享的，而合同系统提供的能力不足以满足各业务条线的需求（原因是合同上的很多信息保存在文档上，没有结构化），因此在一些企业中也实施合同主数据，以便解决数据共享问题。

主数据识别中，还需要根据业务影响程度、数据共享程度、管理成熟度、统一的难易度来确定主数据实施的优先级。

对于建筑企业的非结构化数据，如验收报告、文档类数据，需要梳理非结构化数据相关的关键信息并制定对应的规范，如文件命名规则、存放路径要求、数据编写人、数据编写部门、数据归档人、数据归档部门、数据相关摘要描述、文档是否含有数据水印等。

5.4.4 分类编码建标准

1. 主数据分类原则

主数据的分类原则有三点：稳定性、兼容性和灵活性。

- 稳定性：即主数据的分类应视实际业务情况而定，根据集团自身条件选取集团使用频率最高的分类体系，并且可以保持一段时间的稳定性。
- 兼容性：建立主数据分类需要基本满足各个业务部门及主要业务系统的需求。
- 灵活性：建立主数据分类需要具备一定扩展性，具有可以根据实际需求不断发展和变化的能力。

2. 主数据分类方法

主数据分类方法一般包含线分类法、面分类法和混合分类法三种。

1）线分类法

线分类法也称等级分类法。线分类法按选定的若干属性（或特征）将分类对象逐级、逐次地分为若干层级，每个层级又分为若干类目（类似树状结构）。

行政区划代码就是用的线分类法。代码中一共有6位数字，从左至右的含义是：第一、二位表示省级（含省、自治区、直辖市、特别行政区），第三、四位表示地级（含省辖行政区、地级市、自治州、地区、盟、中央直辖市所属市辖区和县的汇总码以及省或自治区直辖县级行政区划汇总码），其中，01～20、51～70表示省和直辖市，21～50表示地区（自治州、盟），90表示省或自治区直辖县级行政区划汇总码；第五、六位表示县级（市辖区、县级市、旗），其中，01～20表示市辖区或地区（自治州、盟）辖县级市，21～70表示县（旗），81～99表示省辖县级市，71～80表示工业园区或者经济开发区。如山东省淄博市张店区行政区划代码为370303。

省市行政区划代码分类图如图5-7所示。

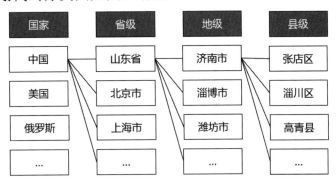

图 5-7　省市行政区划代码分类图（线分类法示意图）

线分类法的优势很明显，即层级清晰，不会交叉，可以很好地反映各个类别之间的层级关系，用树形结构展示也具备一定的向下扩展性。但其劣势是不容易随时进行改变，进行多维度、多层级的联合检索也比较困难。

2）面分类法

面分类法又称为平行分类法，是指根据对象本身固有的属性或者特征进行分类，每一个面分类会描述某个方面全部或者部分特征，但不同分类之间没有上下级隶属关系，每个面都包括一组类目。

以我们熟知的二代身份证号为例，它是四段码的结构，如图5-8所示。其中，前6位是地址码，表示登记户口时所在地的行政区划代码，依照《中华人民共和国行政区划代码》国家标准（GB/T2260）的规定执行；第7～14位是出生年月日，采用YYYYMMDD格式；第15～17位是顺序码，表示在同一地址码所标识的区域范围内，对同年、同月、同日出生的人编订的顺序号；第18位是校验码，采用ISO 7064：1983.MOD 11-2校验字符系统。

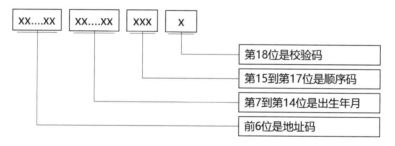

图 5-8　身份证编码图（面分类法示意图）

上述这种分类法就是典型的面分类法。又以建筑安装行业中常用的门为例，该行业对于门的分类可以从门开启方式、门板位置以及门主要材料等维度进行分类，各个分类之间不具备关联性，如表5-3所示。

表 5-3　利用面分类法对门进行分类

门开启方式	门板位置	门主要材料
单向旋开	左	铝
双向旋开	中间	高强度钢
滑动	右	钢

（续表）

门开启方式	门板位置	门主要材料
折叠		木头
旋转		铝_木头
卷起		铝_塑料
固定面板		塑料

面分类法的优点是具备较强的扩展性，添加和修改不同类目比较容易，不会影响其他类目，有利于计算机的信息处理。其缺点是不能充分利用编码空间，虽然编码的组合方式很多，但很多组合不会被用到，却又无法删除。

3）混合分类法

混合分类法指在分类时同时使用线分类法和面分类。混合分类一般采用某种方法为主分类法，另一种方法作为补充。比如上面举例的身份证编码，以面分类法为主，但在前六位地址分类编码中，使用了线分类法。

5.4.5　价值运营促应用

每一类型的主数据都有自己的维护流程，由各个相关业务条线负责。

但要提升主数据的价值，做好主数据运营，更重要的是要考虑：培养数据管理人才；定岗定责，责任到人，业务部门是数据的第一责任人；从源头上控制数据质量；保证数据的权威数据源和统一视图；有序推进跨组织的数据共享；逐步实现异构系统的数据统一；保证数据安全性，避免泄露。

理想中主数据所在的全局数据库不是一个面向一线人员操作的系统，也不是一个对客的系统，而是一个后台系统，它提供的服务需要嵌入其他系统中。因此，主数据的运营还需要为前端应用提供更多有价值的能力。

例如，系统可以为集采平台提供服务，在采购人员编辑采购计划、添加材料时，提供价格的历史参考，辅助采购人员制定采购计划。

再如，当采购人员搜索一个商品时，系统支持模糊查询，也可以根据属性进行精确定位，优化采购人员的体验；系统还能够记录采购人员的操作行为和习惯，通过机器学习的方式持续优化查询的精准匹配能力。

5.5　主数据能力框架

5.5.1　数据模型定义能力

主数据需要支持多种模型的定义与管理，并适配多样化存储，可自由地进行数据模型设计（包括模型定义、字段），关联其他模型、关联业务字典、脱敏规则等，根据数据存储系统创建数据物理模型。

可定义的模型类型包括普通模型、关联模型、继承模型、组合模型等，对于不同的模型有其特殊的定义和物理模型生成策略。普通模型就是我们常见的以实体和实体间关系构建的E-R模型。其他三种模型说明如下。

1. 关联模型

关联模型示例如图5-9所示，企业的物料采购分区域进行，供应商可在一个或多个区域内为企业提供相同或不同的物料，通过"物料－区域－供应商"这个关联模型，可定义和描述三者关系。

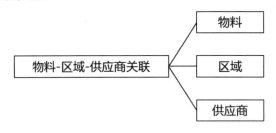

图 5-9　关联模型示例

2. 继承模型

继承模型示例如图5-10所示，物料类主数据存在大量多层级的不同的物料类型，不同物料类型又存在不同的主数据模型。对于企业而言，物资物料少则几千种，多则几万甚至几十万种，如果对每类物料都单独创建模型，这显然是一个工作量庞大、管理复杂的工作。

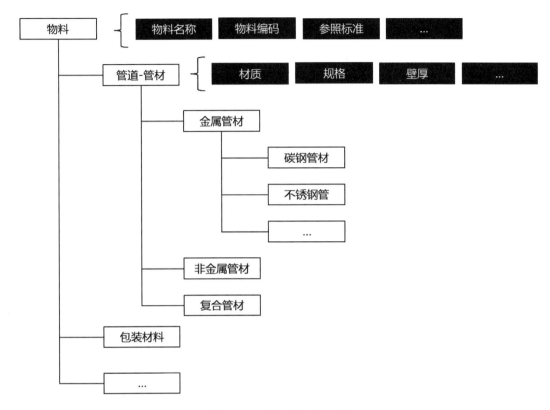

图 5-10　继承模型示例

因此，需要通过继承模型解决两个问题。首先，对于大量物料类型主数据存在相同属性的问题，可以在继承的每个层级上定义公用属性，这些属性可被下级子模型继承。在图5-10中，物料根节点具有物料名称、物料编码、参照标准等属性，这些属性可被所有物料子模型继承；管道－管材层级具有材质、规格、壁厚等属性，这些属性可被其下级子模型继承。这样，在大量的最细化层级物料模型中，只需要定义其特殊的属性即可。其次，针对不同物料类型主数据生成大量主数据物理表的性能和管理问题，可以通过继承模型对物料层级进行优化。具体来说，可以指定某一层级的节点为源头，将它与它的下属子模型创建为一张横表。这个源头可以是物料根节点，也可以是二级、三级的某一个或多个节点。通过这种方式，可以灵活地优化物理存储结构，提升其性能和可用性。

3. 组合模型

组合模型是表达构成或扩展关系的模型结构，从模型对主模型有依赖，并且主、从模型往往会一起维护和展示。通过组合模型可以对主模型和从模型建立起逻辑关联，并在转化为生成物理模型结构时建立明确连接。组合模型示例如图5-11所示。

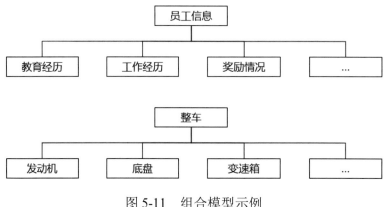

图 5-11　组合模型示例

5.5.2　数据版本管理能力

主数据的版本分为模型版本和数据版本。

1）对模型的版本管理能力

因为主数据模型需要随着业务的变化而进行更新迭代，所以需要记录每次字段变更的版本，以便生成物理模型更新SQL。这样就可以对不同版本进行比对，确保数据的准确性和一致性。

2）对数据的版本控制能力

需要支持对单一主数据的编辑、生效、历史的多状态版本管理，对多个或全部主数据做时间线快照，以及支持多版本检索、版本间比对、版本回退等版本操控能力。

5.5.3　数据集成抽取能力

主数据要支持多种数据集成抽取方式，从时效上可分为实时最新数据和定时批量数据，分别适配不同的主数据需求场景。

对于纳入统一管理的主数据,还需要进行清洗转换,包括代码转换、编码生成、数据重复筛查、数据缺失、格式错误、主数据内容不可识别等。

5.5.4　数据分发共享能力

随着主数据参与业务流程或业务环节越来越深入,对主数据分发共享的能力要求就不再局限于批量推送,需要主数据提供更为便捷和快速的共享手段。

因此,更多场景需要主数据提供实时获取的服务API,以服务API调用方式,在业务流程或业务系统运转环节中按需获取主数据;或者以服务订阅的方式,在主数据每次发生变化时实时通知和同步给所有需求方。

5.5.5　数据权限管控能力

主数据是企业的核心数据,多具有敏感性或者商业机密性,因此需要对主数据的维护、查看、获取进行细化的权限控制与痕迹记录。此外,主数据还需要具备对功能菜单权限之外的操作进行管控的能力,包括服务API的访问权限、服务API调用过程中和在线检索查看的行列权限、数据脱敏等精细化权限管控。

5.5.6　数据全生命周期管理能力

需要对主数据的生命周期进行管理,从主数据创建、审核、审批、发布、编辑、作废等环节进行管控,并对数据版本进行管理,记录每一次主数据变化的历史。

5.5.7　数据血缘分析能力

数据的血缘关系是根据业务、技术元数据形成主数据和辅数据源节点、数据交换节点、数据清洗、加工规则、数据销毁节点之间的关系,构建网状拓扑图,以体现主数据的流转和处理过程。这种关系对于分析主数据来源、跟踪主数据动态变化、衡量主数据置信度、评估主数据价值、保证主数据质量都有着重要意义,是主数据治理的核心能力。

数据血缘分析能力如图5-12所示。

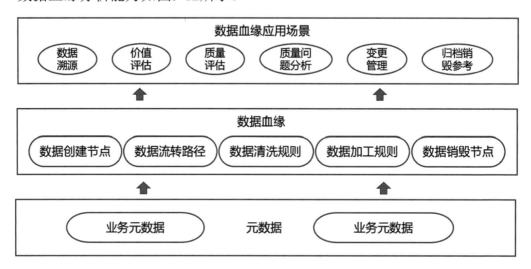

图 5-12　数据血缘分析能力

5.6　主数据参考示例

本节将给出一些常见主数据的示例。主数据本身有多种形态，普通的主数据是一个实体、多个属性，但属性会分类，我们称之为视图。每个不同的视图可能有不同的责任部门，对口不同的业务条线。视图owner是各视图的数据维护人，对具体的数据质量负责，保证数据的准确性、完整性。当发生数据问题时，视图owner负责核实问题并分析问题产生的原因，及时修正。主数据分类如图5-13所示。

5.6.1　客户主数据

客户主数据是一种普通的组合主数据，由多个视图组成。在梳理主数据时，一般会将支持的业务、对应的IT系统、相关标准、行业经验等信息展示出来。客户主数据示例如图5-14所示。

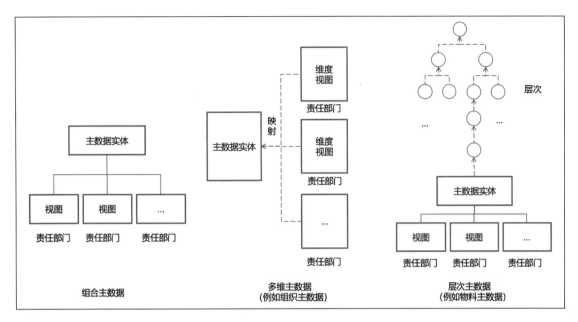

图 5-13　主数据分类

图 5-14　客户主数据示例

5.6.2　物料主数据

物料主数据是典型的层次主数据，每一个实体属于某一分类，分类有多个层次关系，同级分类之间互不隶属、互不重复，在主数据梳理中需要考虑当前实体属于哪一种类型。

物料主数据的梳理比较复杂，要从多个条线入手，包括勘察设计、采购管理、物资管理、合同管理、质量管理、财务管理等。

物料主数据层次分类的设计是非常重要的，物料分类基于业务实际出发，常见的做法为参考国家标准、行业标准与同类行业经验，结合自身业务应用习惯，打造一套满足于集团统一管理与应用的标准分类。一般我们建议：顶层按业务特点分类，便于主数据的使用，每个业务条线使用自己分类的主数据；中层一般采用国家标准，便于企业间、国际间对接；底层分类采用行业标准，便于采购。物料主数据示例如图5-15所示。

图 5-15 物料主数据示例

物料主数据也有多个视图，由不同业务条线负责，例如采购视图、海关视图、MRP视图等。物料主数据的多视图表示如图5-16所示。

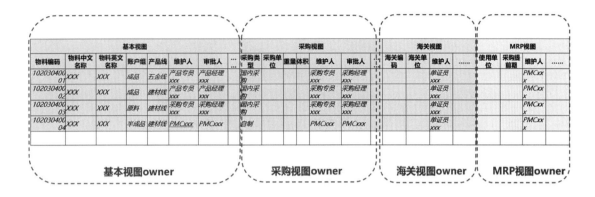

基本视图								采购视图							海关视图				MRP视图		
物料编码	物料中文名称	物料英文名称	账户组	产品线	维护人	审批人	…	采购类型	采购单位	重量	体积	维护人	审批人	…	海关编码	海关单位	维护人	……	使用单位	采购提前期	维护人	……
102030400 01	XXX	XXX	成品	五金线	产品专员 XXX	产品经理 XXX		国内采购				采购专员 XXX	采购经理 XXX				单证员 XXX				PMCxx X	
102030400 02	XXX	XXX	成品	建材线	产品专员 XXX	产品经理 XXX		国内采购				采购专员 XXX	采购经理 XXX				单证员 XXX				PMCxx X	
102030400 03	XXX	XXX	原料	建材线	采购专员 XXX	采购经理 XXX		国内采购				采购专员 XXX	采购经理 XXX				单证员 XXX				PMCxx X	
102030400 04	XXX	XXX	半成品	建材线	PMCxxx	PMCxxx		自制				PMCxxx	PMCxxx				单证员 XXX				PMCxx X	

基本视图owner	采购视图owner	海关视图owner	MRP视图owner

图 5-16　物料主数据的多视图表示

5.6.3　组织主数据

组织主数据是典型的多维主数据。企业的组织是多维的,不能只有一个行政组织,通常会有财务视图、工程视图、成本视图、营销视图等,互相之间没有隶属关系,归口不同的业务条线,与行政组织之间有映射关系。组织主数据示例如图5-17所示。

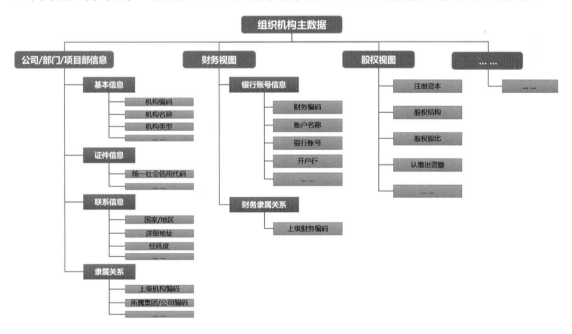

图 5-17　组织主数据示例

5.6.4 工程项目主数据

工程项目是指集团及所属各单位承建的新建、扩建、改建等工程项目，也是非常复杂的主数据。

工程项目往往与施工项目、投资建设项目关联。施工项目（也称为"业主项目"）是指投资建设项目以外的工程总承包（EPC）、施工总承包、专业工程承包项目。投资建设项目是指股份公司及所属各单位通过股权投资设立具有特殊目的的公司并承担建设任务的工程建设项目（PPP类项目）。

对于将EPC总承包项目拆分到设计、采购、施工等分项内容，业界有两种做法：

（1）拆分为子工程项。

（2）拆分为项目附属的工程大项信息。

其中以第一种最为常见。下面分别给出了主数据的参考模型，如图5-18～图5-20所示。

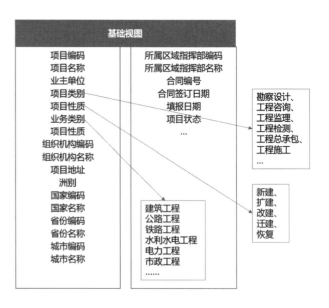

图 5-18 施工（业主、经营）项目主数据参考示例

图 5-19　投资建设项目主数据参考示例

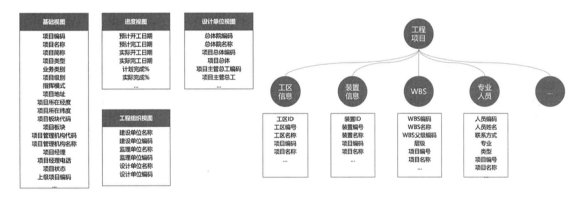

图 5-20　工程项目及其子模型主数据参考示例

第 6 章

数据资源平台建设

我们在数据治理领域耕耘多年，从数据治理到数据中台建设，在众多的项目经验总结中发现，不能把数据中台建设作为一个项目或者产品来实施。企业在数字化转型的进程中建立数据中台，必须从战略的高度、组织的保障及认知的更高层面来做规划。在战略规划的指导下，搭建一套可持续运行的、自服务的、端到端的数据建设体系，从而加速企业全面数字化转型的进程。

如第4章所述，数据中台、数字空间实际上是看问题的不同视角，两者是一个事物，所谓一体两面。为了更好地建设数据中台，构建企业的数字空间，我们将数据中台按照职责分为三个部分，即全局数据库（主数据 + BIM 数据）、数据资源平台（汇聚内外部数据、形成资产目录、提供数据服务）和智慧运营中心（构建企业运营指标体系），它们有不同的职责、架构、事实方法和实现技术。本章主要介绍数据资源管理的价值、实施方法以及数据资源平台的架构与核心能力。

阿里在实施中台的过程中，逐渐认识到数据中台是"组织 + 方法 + 平台"三者的结合，这是我们非常赞同的理念。数字空间的建立不是一个技术产品的选择，而首先是方法体系。阿里认为数据中台的方法涉及三个方面：OneModel（数据建模）、OneID（数据采集和整合）、OneService（数据服务），这三个方面组合在一起形成了OneData。B端尤其是满足个性化要求的建筑业、制造业等行业不同于服务行业，但也可以借鉴思路，我们提出"集""联""治""用"的数据资源管理理念，而数据资源平台就是落地这一理念的工具。

6.1　数据资源平台价值主张

数据资源平台的终极使命，我们认为是赋予数据资产价值变现的能力。无论是通过业务赋能的形式隐性变现，还是通过数据服务公开交易的直接变现，它们都需要一个很重要的基础条件，即"业务数据化、数据资产化、资产服务化"。

数据资源平台很重要的一环是将"数据资产"作为一个基本要素独立出来，让数据资产在服务于业务的过程中，融入业务创新所带来的价值创造过程，并持续地产生价值，进而实现间接的价值变现。

数据资源平台作为各前端应用的数据提供方，通过自身的数据处理能力以及业务对数据的不断供给（业务数据化过程），形成一套持续运行的、不断完善的数据资产体系（数据资产化过程）。当在面对业务多元化挑战，需要构建新的前台应用时，数据资源平台可以快速地提供数据服务（资产服务化过程），灵敏地响应多元化业务创新（服务业务化过程），使企业在融合创新的时代下持续保持高竞争力。

上述场景描述了数据和业务之间的一个闭环过程，区别于以往以数据开发、数据分析为核心的数据资源平台建设这样的始于数据终于数据的自闭环，避免了数据资源平台价值呈现困难的局面。本书定义的数据资源平台建设，为业务数据治理及应用打开了一扇门。数据资源平台价值框架如图6-1所示。

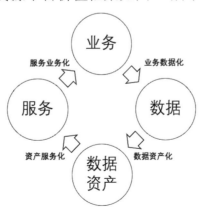

图 6-1　数据资源平台价值框架

数据平台建设多由信息科技部门主导，在技术人员的眼中，往往把数据平台理解为一个技术平台、大数据平台。其实这是不对的，前面我们也讲述了数据资源平台和大数据平台、数据仓库、数据资产等的区别与联系。这里我们必须强调，数据资源平台的核心是数据转化为资产并提供服务的能力。服务对象是业务，因此必须结合实际的业务场景，如精准营销、智能风控等场景，通过服务的形式直接赋能业务。数据资源平台面向的不仅仅是技术人员，更多的还是业务部门。无论是由信息科技部门建设的数据资源平台，还是运营部门等支撑部门建设的数据资源平台，都必须统一数据中台的价值观：数据是一种资产。

6.2　数据资源管理实施路径

由于对数据资源的认知不够全面，因此数据资源的落地困难重重。目前数据平台的建设往往是技术组件的堆积，或是传统数据仓库的改版，从根本上缺乏建设路径和方法论。本节结合以往我们在众多数据资源建设中积累的经验，介绍数据资源建设的实施路径。

我们认为，数据资源建设必须具备"集""联""治""用"四大核心路径环节。

1. 集

随着业务多元化发展，机构内部存在大量系统、应用以及功能的重复性、烟囱式建设，导致巨大的数据资源、计算资源、人力资源的浪费。此外，组织壁垒也导致数据孤岛的出现，使得内、外部数据难以全局规划。作为资产的数据，需要被合理利用。因此，需要从各种数据来源处收集内部和外部数据，打通异构数据，使数据资产具备全面采集的能力。

2. 联

零散孤立数据的价值和作用有限，因此在全面收集企业内部数据之后，需要对数据进行梳理，识别其业务要素和技术要素，并将有关系的数据资产进行连接，最终形成全要素连接的数据资产。

3. 治

无论是企业已沉淀的数据资产，还是在规划建设过程中逐渐形成的数据资产，都会存在种种问题，此时就需要通过数据资产治理来统一数据标准，优化数据模型，提升数据质量，管理数据过程，控制数据安全。

4. 用

为了尽快地让数据资产用起来，数据资源平台必须提供快速、便捷的数据服务能力，让相关人员（包括但不限于技术人员）能快速地开发出数据应用，支持数据资产场景化能力的快速输出，以满足业务多元化的市场诉求。很多企业期望数据资源能转化为数据服务，进而提供数字化运营支撑，快速实现数据资产的可视化分析与应用构建，提供数据挖掘、预测、机器学习等高级服务，为融合创新赋能。

数据资源平台必须具备 "集""联""治""用"四个核心能力。本节我们主要讲述如何通过这几个方面来构建可价值变现的数据资产。

6.2.1　数据资源之"集"

数据资源平台需要有丰富的数据支撑，没有数据则如"无米之炊"，因此需要对企业内部数据进行广泛汇集。汇集的对象可分为业务系统、工控设备、物联网设备、外部数据源、互联网、业务人员等。汇集方式可分为设备数据采集、数据集成交换、文件交换、消息、接口、数据填报、线上数据采集等。

对于多种汇集方式，业界也有多种技术工具来支撑，如ETL工具、文件传输工具、ESB工具、MQ、设备数据采集平台等。但对于线上数据采集技术，手段则不尽相同，因此本小节主要介绍一下如何实现对外部数据进行线上采集。

1. 埋点

埋点对应的形态有PC系统、网页、APP、小程序、H5等。埋点对应的技术处理方式包括客户端埋点和服务端埋点。

- 客户端埋点：从数据采集的覆盖面来讲，常见的客户端埋点有三种实现方式：全埋点、可视化埋点以及代码埋点。

- 全埋点：嵌入式埋点，也称为无痕埋点或者无埋点，通过 SDK 的形式植入终端设备，将终端设备上用户所有的操作、浏览行为等内容完整地记录下来。全埋点是数据采集覆盖面最全面的埋点方式。

- 可视化埋点：通过服务端可视化配置的方式有针对性地收集用户在终端上的行为数据，根据企业对不同数据的需求局部埋点，定向获取数据。

- 代码埋点：代码埋点和可视化埋点一样，都是根据企业业务场景针对性地收集用户行为数据，区别在于代码埋点是纯定制化的，每次调整都需要对终端应用进行升级。

■ 服务端埋点：服务端埋点又称为日志埋点。如果用户的行为数据通过服务端请求就能获取到，或者通过服务端逻辑就能分析处理得到，这个时候服务端埋点的优势就非常明显，可以显著降低前端应用的复杂度，同时可以规避一些信息安全的问题。但是，弊端也同样明显，因为有些场景用户的行为操作并不一定会产生服务端请求，这就会造成部分数据采集不到。因此，更多情况下是客户端埋点和服务点埋点相互配合，以完成整个外部数据的采集。

2. 爬虫

爬虫的使用必须遵守的协议和法律法规。爬取互联网数据并将外部弱关联数据与企业数据体系进行有机结合，不仅可以能完善企业数据基本面，还可以产生一定的化学反应，促进企业业务多元化创新。

爬虫有多种技术实现方式，也有很多的开源框架可以使用，公开的资料很多，这里不做赘述，企业可以根据实际的业务场景构建数据爬取逻辑。当然，切忌对目标网站造成过大的请求压力。

6.2.2 数据资源之"联"

前面我们曾经提到，由于一些客观原因，在信息化建设的过程中造成数据烟囱式的建立，形成了一个个的数据孤岛。因此，数据资源平台建设的一大目标就是消除这些数据孤岛，打通企业数据链路。通过数据采集可以将内外部进行统一汇集，但仍无法解决数据之间连接缺乏的问题。

因此，需要通过一定的数据手段，整合企业内部烟囱林立的数据体系，汇集内外部数据资源，盘活整个数据盘面，让数据像水、电、气一样流通起来，更好地服务于企业经营及管理活动。

那么数据资产如何进行连接，以及通过什么维度进行归类呢？答案是数据主题。

所谓数据主题是我们在进行数据整合、汇聚技术实现前，先要对数据基本面进行设计和规划，而这个规划必须围绕着企业经营中的某个特定活动（比如信贷业务中获取客户的资产信息），对它进行系统性的归纳和描述。数据主题必须满足广义的、功能独立的、唯一的（不可重叠）的特性。只有把数据归纳成广义的、功能独立的、非重叠的数据主题，才能解决各业务场景下的数据互通和共享的问题。从资源整合的角度，数据主题可以理解为，企业经营中某种特定活动的数据集合，是为满足企业经营中某个活动（环节）而准备的数据资产。

数据主题贯穿了数据领域建设的多个时代，传统规范化数据仓库建设也是基于数据主题来进行的。在当下数据资源平台阶段中，相对于数据仓库来说，其范围更大，模型设计也不局限于维度模型体系，因此更加需要通过数据主题来划分和连接数据，并且随着对数据资产理解的加深，还会演化为多维度数据主题。

基于主题的数据整合，以及之后基于主题的数据应用，往往可以为企业创造新的价值方向。以客户资产为例，我们可以通过客户在银行的存款、贷款、流水以及客户与银行业务往来留存的房产、股票、期权、汽车、公积金等，甚至包括游戏装备、收藏品，来构建客户资产主题。在客户贷款过程中，银行很容易获取这一主题数据，并能基于这一主题数据来分析用户的资信情况，支撑风控体系，降低金融企业风险。同时，在金融企业多元业务创新下，这一主题数据又能很好地用来支持产品精准推荐，将高端产品精准推送给高净值客户，提高营销回报率。

6.2.3　数据资源之"治"

数据治理是数据资产管理中必不可少的一部分。数据治理兴起于20世纪90年代，但是纵观整个中国发展史，每一次朝代的更替，都像是一次数据治理的过程。清政府的"留头不留发、留发不留头"就像是一场数据治理。再往前，秦灭六国，始皇帝统一度量衡、焚书坑儒、车同轨、书同文，是中国历史上最为彻底的一次数据治理。

1. 认清自身、制定规划

1）数据成熟度评估

各企业对数据建设的重视程度与现状都是不同的。因此，我们需要对自身数据成熟度进行评估，认清现阶段我们的数据发展在行业内所处的位置，让数据治理的目标更明确。

数据成熟度评估可参考相关国家、行业成熟度评估模型，如《数据管理能力成熟度评估模型》（GB/T 36073－2018，简称DCMM），进行能力评估，排摸数据管理现状以及存在的问题，为数据管理优化建设提供基础依据。

2）找到差距、制定计划

数据治理是一场持久战，是一项持续性的工作。

首先，我们需要根据自身所处的现状，来制定近期、中期、长期的战略计划，在整体战略规划中采取急用先行的战术。

其次，需要了解近期以及中长期在业务和技术上的策略及目标，特别是与数据治理相关的信息；通过访谈、调研等方式，在内部营造数据治理的氛围，使得相关人员在数据治理目标及价值方面达成普遍共识。

最后，根据现实存在的差距与计划，制定符合自身的数据规划，如图6-2所示。

3）找准支点，驱动落地

数据管理依赖于企业领导层的推动力，但高层领导视角往往在宏观层面，导致数据管理工作的推动缺乏着力点，所以需要一个让企业各层级人员具有共同认知的切入点，以此为始，驱动整体工作运转。可将它形象比喻为"滚雪球"工作，需要自上而下，且以一个支点撬动，这样雪球逐渐变得越来越大，前进的速度也越来越快。

4）组织保障，制度规范

万事开头难，根据业内先进的数据治理经验，建立自身的数据治理要素体系和组织架构。组织架构包括：决策层、管理层、执行层。根据自身情况，各人员可以是专职人员，也可以是各部门抽调的兼职人员。

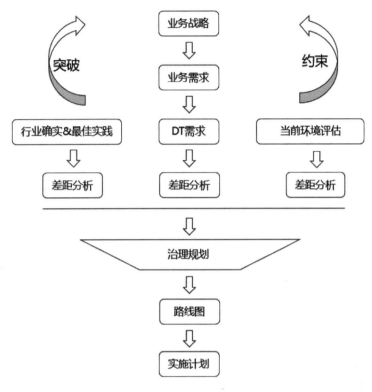

图 6-2　数据治理战略规划

结合自身现状，为数据治理的开展制定有据可依的管理办法，规定数据治理的业务流程、数据治理的认责体系、人员角色和岗位职责、数据治理的支持环境，颁布数据治理的规章制度政策等，同时应规定工具的使用办法、使用流程等。

2. 掌控数据架构

数据架构包括数据模型、数据分布、数据流向。数据架构是数据资产管理的关键，需要进行结构化落地与呈现，最核心的是对数据模型的管控，数据模型是对企业运营和管理过程中涉及的业务概念和逻辑规则进行统一定义，包括概念模型、逻辑模型和物理模型。因此掌控数据架构就是掌控数据模型，企业不仅需要对既有数据资产的数据模型进行管控，还需要对建设中或规划建设的应用或数据中心内的数据模型进行管控，在信息化项目建设过程中实现对数据模型的事前与事中的管控，在建设完成后实现对数据模型的事后监督。

3. 制定数据标准

企业的数据标准一般以业界标准为基础，如国家标准、行业标准、地方标准，并结合本身实际情况对数据进行规范。良好的数据标准体系有助于企业数据的共享、交互和应用，可以减少不同系统间数据转换的工作。数据标准的制定，要适应业务和技术的发展要求，优先解决普遍的、急需的问题。数据标准由业务、技术、权限等内容构成：

- 业务：明确所属的业务主题以及业务概念，包括业务使用上的规则以及标准的相关来源等。对于代码类标准，还会进一步明确编码规则以及相关的代码内容，以达到定义统一、口径统一、名称统一、参照统一和来源统一的目的，进而形成一套一致、规范、开放和共享的业务标准数据。
- 技术：描述数据类型、数据格式、数据长度以及来源系统等技术属性，从而能够对信息系统的建设和使用提供指导和约束。
- 权限：明确数据标准的所有者、管理人员、使用部门等内容，从而使数据标准的管理和维护工作有明确的责任主体，以保障数据标准能够持续地进行更新和改进。

因此，数据标准的制定应以业务数据为出发点，经历详细的数据调研、访谈、设计、评审等环节形成标准定义流程。数据标准的制定需以"循序渐进、不断完善"为原则，支撑完整的数据标准创建过程，确保每一个数据标准对应企业的数据需求，做到数据标准有理有据。

4. 落实元数据管理

结合多年数据治理的经验，我们认为需要从以下三个方面进行元数据管理。

- 谋定而后动：元数据管理是一盘棋，需要进行管理设计，如基于规范和制度的设计、元模型的设计、实施的设计、推广的设计。每一环节都要想一想再动。
- 选好价值点：元数据管理是纷繁复杂的，它是对企业数据现状的一种抽象、整合和展现，其管理是复杂和不容易的，其价值有可能是隐形的、不容易察觉的，它是一项承上启下、贯通业务和技术的基础性管理工作，因此需要选好不同时期的管理的价值点，以逐步影响企业的方方面面。
- 选好工具：元数据管理可借助管理工具使管理工作变得相对快速和简单，如元数据的采集、元数据存储、数据血统、数据地图、元数据整合等都可以通过元数据工具来实现。

5. 提升数据质量

数据质量管理是企业数据治理的有机组成部分。高质量的数据是企业进行分析决策和规划业务发展的重要基础，只有建立完整的数据质量体系，才能有效提升数据的整体质量，从而更好地为客户服务，提供更精准的决策分析数据。数据质量体系如图6-3所示。

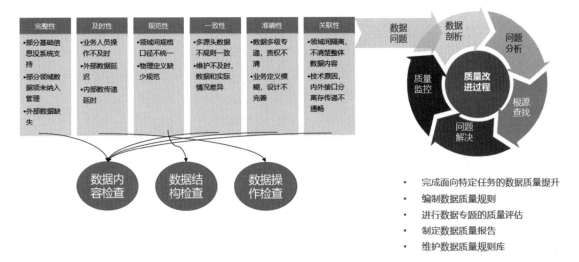

图 6-3　数据质量体系

6. 制度与规范

在技术层面上，应该完整全面地定义数据质量的评估维度，包括完整性、时效性等。按照已定义的维度，在系统建设的各个阶段都应该根据标准进行数据质量检测和规范检查，及时进行治理，避免事后的清洗工作。数据质量的评估维度表如表6-1所示。

表 6-1　数据质量的评估维度表

维　　度	描　　述	衡量标准	自动检查
完整性	业务必须的数据项被记录	业务必须的数据是否完整、空字符；数据源是否完整、数据取值是否完整	是

（续表）

维　度	描　述	衡量标准	自动检查
及时性	数据及时更新、获取，体现当前事实	当需要使用时，数据能否反应当前事实，能够满足系统对数据的时间要求，如：位置信息等	是
参照完整性	数据项在被引用的父表中有定义	数据项是否在父表中有定义	是
依赖一致性	数据项与数据项之间的依赖关系	数据项取值是否满足与其他数据项之间的依赖关系	是
基数一致性	数据项在子表中出现的次数符合标准	如：一个账户一年计息次数为4次，就要符合账户和计息次数为1∶4的标准	是
准确性	数据必须体现真实情况	数据内容与定义必须一致	是
精确性	数据精度必须满足业务要求	数据精度是否达到业务要求	是
可信度	数据的可信赖程度	根据客户调查或客户主动提供获得	否
……	……	……	……
唯一性	该数据在特定数据集中不存在重复值	在制定的数据集中是否存在重复数据	是

7. 企业数据质量管理流程

数据质量问题会发生在系统建设的各个阶段，因此需要明确各个阶段的数据质量管理流程。例如，在需求和设计阶段就需要明确数据质量的规则定义，从而指导数据结构和程序逻辑的设计；在开发和测试阶段，则需要对前面提到的规则进行验证，以确保相应的规则能够生效；最后在投产后要有相应的检查，从而将数据质量问题尽可能消灭在萌芽状态。数据质量管理措施宜采用控制增量、消灭存量的策略，有效控制增量、不断消除存量。数据质量管理流程如图6-4所示。

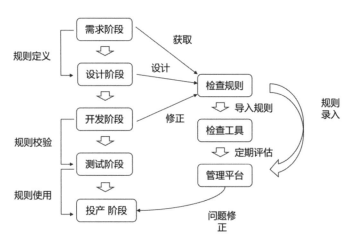

图 6-4　数据质量管理流程

6.2.4　数据资源之"用"

"用",即使用、应用。前面我们多次提到,数据资源平台让数据使用更简单,数据资源平台为业务提供端到端的数据服务。这些都描述的是数据资源平台的"用"的能力,并且对数据资源平台的使用场景进行系统性描述。接下来,我们将系统性地讲述数据资源平台的应用场景。

1. 数据服务,打通数据应用最后一公里

可以把数据类比为石油,我们通过一定的技术手段对石油进行萃取、加工,进而得到能被汽车用作燃料的汽油。当汽车需要加油时,我们去附近的加油站就能满足需求,可以把加油站理解为一个服务接口,它打通了石油运用的最后一公里。同样,对于数据而言,我们只有将数据封装成数据服务,以接口的形式提供给上层应用,才能提高应用对数据利用的效率,提升数据资产的价值。数据服务就是把数据变成一种服务能力,让数据资产参与到业务中,通过业务的实现,体现出数据资产的价值。资产服务化,这也是数据资源平台的价值体现之一。

可以回顾一下,在没有数据资源平台、没有数据服务体系之前,我们是怎么做的。以往,我们会根据某个业务应用的需要构建非常多的数据接口,与应用系统对接,导致接口也成为孤岛,当另一个应用系统有需要时,我们又得重新构建新的接

口。大量的接口造成了开发、运维、监控等一系列成本。而现在，数据资源平台架构之下，我们要做的是把接口抽象成可重用、可管理、统一标准下的端到端的数据服务体系。通过数据服务敏捷地对接业务，才能灵活运用数据资产，同时通过业务体现数据资产价值，并且提升效率。数据服务是数据资源平台资产服务化的核心能力，是连接前台业务和数据的桥梁。通过服务接口的形式对数据进行封装、开放，灵活地满足前台业务的需求。数据资源平台以数据服务的形式直接驱动业务，让业务快速地创造价值。

2. 常见的数据应用类型

在前面章节我们讲了常见的数据类型，这几种数据类型可以对接很多数据应用，下面介绍几种较为常见的数据应用类型。

1）数据大屏

数据可视化大屏是一个很重要的"面子"，它能够通过酷炫的效果让人眼前一亮，同时也能借助精心的策划把业务和数据的"里子"有效地传达出来。数据可视化大屏是将艺术和科学相结合的技术，数据查询服务作为使用最广的一种数据服务类型，为数据大屏提供了数据支撑。

2）数据报表

通常情况下，分析类数据服务为数据报表提供服务支撑。数据表报类应用主要是通过可视化形态呈现各种数据指标，主要是通过下钻、对比、关联等分析手段对所关注的数据进行灵活的查看。

3）商业智能

商业智能型应用是数据应用的核心，是数据洞察以及业务创新的重要支撑。商业智能是和数据标签结合最紧密的一种数据应用形态，从数据服务类型上看，它包含了推荐服务、圈人服务，主要通过数据画像达到数据洞察和业务创新。商业智能在企业中使用场景广泛，比如风控、营销、产品设计、生物识别等。

3. 创新的数据应用类型

除上面介绍的传统数据应用之外，随着企业数字化转型建设的深化，基于数据驱动的应用建设也越来越绚丽多彩，下面介绍几种创新的数据应用。

1）数字化运营

全面收集企业运营各方面相关数据，通过数据资产化建设，推动经营数据有效融合、指标执行实时监控、重点项目全程跟踪、各类事件及时掌控、经营数据分析预测等方向的应用，实现运营管控从事后监督到实时监控，决策由基于经验的决策到基于数据的决策的转化。

2）数字化供应链

通过基于数据服务的供应能力服务平台建设，整合供应商、物流、耗材、仓储等基础能力，实现信息流、物流、商流、现金流的串联打通，实现服务生产的采供一体化，提升生产效率，降低生产成本。

3）数字化营销

在数据服务支撑下，改变传统营销、服务分离模式，连接商机发现挖掘、智能营销成单、精细化服务、客户关怀反馈等环节，构建对客户、商机、服务、事件、设备、备件、成本、人员的精细化管控，实现销服一体协同，帮助企业有力拓展业务，强化行业竞争力。

4. 小结

数据服务是数据资产价值变现的核心载体，是连接前台和后台的桥梁，数据资源平台能够以服务的形式为前台业务提供端到端的数据支持，支撑数据应用，距离业务更近，可以让业务更快地创新，创造出更多的价值。

6.3　数据资源平台的核心架构

6.3.1　避免技术驱动的数据平台

数据平台一直没有统一的架构，我们从架构演变的过程来看，数据平台经历了最早以大数据平台能力为主的架构模式，到以数据开发平台为主的架构模式，再到目前统一认识到的需要多能力聚合的架构模式，体现了大家对数据资源平台的认知从模糊到清晰的过程。如图6-5、图6-6所示为早期两种数据平台架构。

图 6-5　数据平台架构演变：早期以大数据平台为主的数据平台

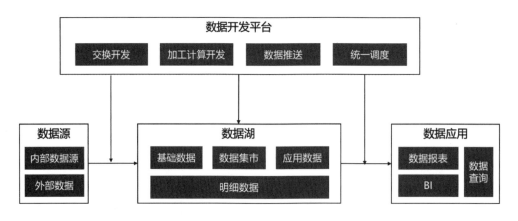

图 6-6　数据平台架构演变：早期以数据开发平台为主的数据平台

　　无论是以大数据平台为主的数据平台，还是以数据开发平台为主的数据平台，都存在较大局限性。当下的数据平台架构更趋向于建立在数据底座之上，只有整合数据资产形成、管理和服务能力，整合数据开发、共享交换能力，实现对需求和业务的灵活支撑，才能更好地推动数字化转型建设。

6.3.2　分布与集中的数据架构

要描述数据资源平台的架构，可以先从数据架构开始，即应该存储哪些数据，如何存储；应该管理哪些数据，如何管理。

前面我们已经介绍过，数据可以分为模型数据（物理世界的空间、物理实体在虚拟世界的"数字克隆体"）、参考数据（静态的外部通用数据，不随公司实际业务发生变化的数据，比如国家代码、行政区号、币种及汇率）、主数据（跨业务、跨组织、跨流程和跨系统的业务主体或者资源数据，可重复使用的数据）、事务数据（在业务和流程中产生，是业务事件的记录，其本身就是业务运作的一部分）、观测数据（通过各类软件或者物联网设备观测业务对象产生的数据，观测的对象往往是人、机、物、料、环）、规则数据（结构化描述业务规则变量的数据，例如佣金计算的规则数据）、元数据（描述数据的数据）和分析数据（也叫作报告数据，是对原始数据进行加工处理后，用作业务决策依据的数据）。

在前述数据分类中，我们没有对分析数据（报告数据）进行更详细的介绍，实际上分析数据有维度事实模型数据（传统数据仓库维度建模产生的数据）和图模型数据（以"图"这种数据结构存储和查询的数据，它的数据模型主要是以节点和关系（边）来体现，优点是能快速解决复杂的关系问题）。

按照数据仓库设计的理论，维度事实模型是为了满足用户从多角度、多层次进行数据查询和分析的需要而建立起来的，它由原始数据加工而来，由事实表和维表组成。事实表用来记录具体事件，包含了每个事件的具体要素，以及具体发生的事情；维表则是对事实表中事件要素的描述信息。比如，一个事件会包含时间、地点、人物，事实表记录了整个事件的信息，但对时间、地点和人物等要素只记录了一些关键标记。

维度事实模型既可以有加工后的明细数据（例如订单、交易这样的明细），也包括对明细数据汇总后的信息（例如按时间、地点、产品汇总的信息，就是汇总数据）。基于汇总数据可以显示具体的指标，当汇总数据不满足指标或报表的要求时，又可以再次进行加工，以满足要求。指标数据也是一种汇总数据，它和汇总数据的区别是，前者针对某一个具体的指标或者报表，后者是一种数据服务，可以提供给很多应用使用。

分布与集中的数据架构如图6-7所示，我们可以清晰地看到数据在数字空间或数据中台中的存储方式：模型数据、主数据、参考数据存放在全局数据库中，作为跨系统的基础数据统一存储；事务数据、观测数据、非结构化数据都存储在业务系统中。为了满足数据分析、查询的需要，需要将主数据、参考数据、事务数据等关联起来，产生分析数据，因此分析数据存放在数据资源平台的多维数据层（也叫DW层、数据仓库层）和图数据层。指标数据作为特殊的分析数据，为特定报表/指标服务，存储在智慧运营中心。

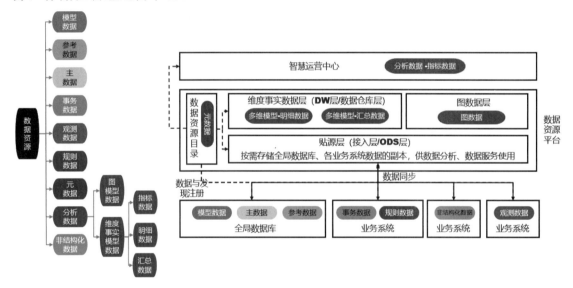

图 6-7 分布与集中的数据架构

产生分析数据前，一般会从业务系统中同步数据到数据资源平台的接入层（也叫贴源层、ODS层、数据融合区），以减少数据操作对业务系统的影响，并在同步的过程中进行数据清洗，以保证数据的准确性、可用性。

早期数据仓库的理论中，贴源层（ODS层）是为多维数据模型服务的，只有与多维数据模型相关的数据才会抽取到贴源层。但数据湖理论出现后，主张将所有数据汇聚到数据湖以备使用，而不是只为数据仓库服务。数据湖的思路很好，数据发挥价值不仅是自上而下的规划式，还有自下而上的探索式，但我们在实践过程中却发现，这样的结果会造成数据湖数据存储的数据量过大，数据计算负载变高，资源有效利用率变差，数据基座不堪重负。

解决这一问题的方法是将数据集中管理、分布存储、按需取用。因此，我们可以通过数据资源目录的元数据，集中发现各业务系统、全局数据库、资源平台贴源层、数据仓库层、图数据层以及智慧运营中心的数据及其变化情况，当需要数据的时候，将数据加载到贴源层做处理。

6.3.3　混合式存储的技术架构

数据量与存储能力、计算量与计算能力、传输量与网络能力之间，永远存在矛盾。

以Hadoop为代表的分布式存储出现后，大家曾经欢呼数据存储的曙光到来了，以前存在磁带上的历史数据可以在分布式数据上查询了。SSD硬盘一出现，Hadoop体系数据处理能力慢的问题好像也解决了。

但是，当数据量越过T级，发展到P级的时候，我们发现很多事情又回到了原点。不能无限制地存储了，不常用的就不要了；要考虑数据的重用了；计算能力不够了，有些计算要在大数据平台外进行了；不能是一个大的物理数据湖了，数据要分布式存储了；SSD太贵了，使用寿命也太短了；冷热数据要分离了，冷数据要用便宜的存储了。

存储与计算的架构，又回到了混合的模式。

全局数据库中，主数据事务完整性要求高，只能选择关系数据库；BIM模型数据需要用对象数据库；数据资源平台中，贴源层数据量大，用Hive这样的列数据库存储，Hive底层采用Hadoop技术路线，强项在分布式存储，量大又便宜。ClickHouse是列式数据库的新秀，计算能力强，超过了已经出现十几年的Hadoop体系。如果维度事实模型数据需要经常查询，则选择ClickHouse最好。如果维度事实模型数据量太大，超过了ClickHouse的处理能力，就只能用Hive了，这里就有一个冷热数据分离的情况。

流式计算没有数据存储问题，主要是内存计算，内存要大；图数据只能存储在图数据库中。

不同的数据存储模式，在数字空间的语境中，可以有不同的应用场景，例如，智慧运营中心的指标数据，数据量少的时候直接用关系数据库就好，数据量大就要用ClickHouse。

混合式数据存储的模式（见图6-8）需要考虑数据技术架构的特点，设计数据资源并将相应的数据存放在合适的位置。同时，在数据资源平台的运营中要重视对计算、存储资源的治理，以便对长时间的数据加工和高吞吐量的取数进行及时反馈和优化。

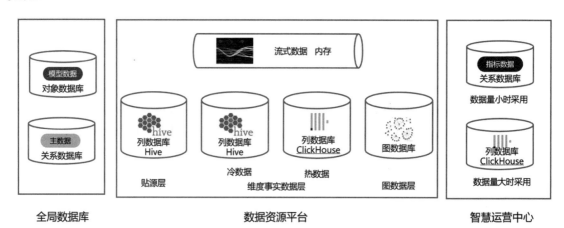

图 6-8　混合式数据存储

未来，大数据基座还应该是一种混合式的存储/计算方式，但是不应该再人为地选择使用方式，而应该一体化智能化地根据数据特征进行选择，对基座的使用者透明。数据基础设施的建设，我们永远在路上。

6.3.4 治理运营一体的功能架构

要做好数据资源管理的"集""联""治""用"，可以通过数据运营和数据治理两大技术来实现。治理运营一体的功能架构如图6-9所示。

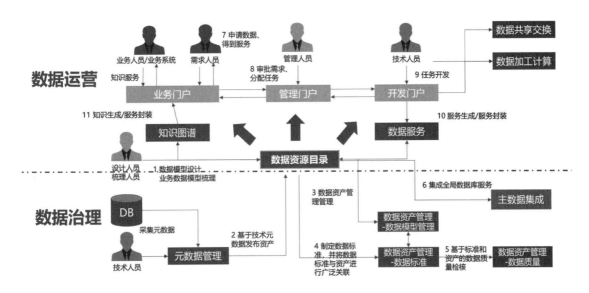

图 6-9 治理运营一体的功能架构

数据运营关乎"怎么把数用好":在业务端提出数据需求,根据需求进行数据交换、数据加工计算,生成数据服务与知识服务,注册数据资源目录,形成数据加工使用的闭环。

数据治理关乎"怎么提供高质量数据":从持续数据盘点(数据摸家底)开始,迭代更新企业数据的元数据,根据业务更新数据标准,管理数据模型,持续提高数据质量。

后续,我们会对数据资源平台的关键能力进行介绍。对于数据共享交换、数据加工计算这样技术开发为主的内容,就不再详解了。

6.4 数据资源平台的能力框架

6.4.1 数据建模:以模型驱动数据运转

提到数据建模,大部分人的第一反应是数据库表结构建模,即在应用系统详细设计阶段进行数据库表结构的设计。但数据建模往往不是这么简单的一步到位,在高校计算机教材《数据库系统概论》的数据库设计章节中也明确了概念（模型）设计→逻辑（模型）设计→物理（模型）设计的过程，本章节也将重点介绍数据建模是如何进行的，以及数据建模能为数据资源平台提供什么能力。

数据模型是对现实世界中包含的数据内容对象的抽象建模，但现实世界中的数据对象变化万千，并且从不同视角出发呈现出来的特征与关注点也截然不同，因此对现实世界中的数据对象的发现、捕获与抽象存在一定的主观性。它的定义反应了建模人员对相应数据内容的认知程度，使得现实世界中的数据对象被转换为信息世界的数据模型，这一阶段产生的数据模型被称为概念模型。

然而信息世界中的概念模型不能直接被计算机识别、处理与执行，还需要由相应人员将它从概念模型转换为计算机世界的逻辑模型。由于数据逻辑模型的建立以信息世界的概念模型为基础，因此这一部分相对于概念模型的建立更有规律可循，可以更加客观与准确。

基于逻辑模型和相应的DBMS系统，数据库设计人员可以将逻辑模型转换为物理模型，这一部分的转换过程与内容由DBMS决定。

数据模型的定义实际上是数据库高效合理开发的基础。随意肤浅的概念模型定义或者简单直接的数据逻辑模型定义都会导致数据库定义的偏差，最终影响信息系统设计与实现的质量。如果不能从根本上认识和定义应用对应的数据模型，那么其维护成本仍然是高昂且无效的。

概念模型是人们对现实世界数据对象的初步建模，也是人们观察与反映数据世界的结果。逻辑模型是计算机世界对数据定义、分析的重要表达，它需要能被计算机正确理解、识别与处理，因此逻辑模型不仅关注的是数据实体与联系的定义，而且还关注计算机世界对这些实体与联系信息访问的定义与支持。因为逻辑模型包含比概念模型更多和更实际的内容，逻辑模型建立的质量与效率会直接影响到DBMS系统数据定义与管理的效率和质量，所以数据的概念模型到逻辑模型的准确转换成为信息世界数据模型到计算机世界数据模型转换的关键。

因此，在数据资源平台的建设中，需要借助数据建模能力来驱动数据运转，要求数据建模所必须具备的能力如下：

1）概念建模能力

对概念模型定义、属性及模型间关系的配置实现能力，实现对业务场景中概念实体的结构化配置，具备对概念实体和关系的丰富表达能力。

2）逻辑建模能力

对逻辑模型定义、属性、模型间关系、过程规则、指标算法的配置实现能力，通过逻辑建模可以将概念模型具象为逻辑模型，可具体定义单个实体、两个实体间的过程逻辑和属性转换规则、加工计算规则和算法等。

3）物理建模能力

对物理模型的配置化能力，可通过逻辑模型自动或半自动生成，包括对关系数据库、非关系数据库的物理模型定义，对端到端数据同步交换过程及转换规则的定义，对加工聚合目标及过程算法的定义等。

数据建模的意义有三点：一是规范建模过程，预防与规避因数据模型不规范、错漏导致的后续开发测试过程中的复工与时间浪费；二是通过数据建模，实现从概念到逻辑到物理的转化过程，自动或半自动地生成相关物理结构、数据处理过程等内容，以数据模型来驱动设计与开发实现；三是改变传统数据资产建设先建后理的局面，在业务应用和数据应用的建设过程中，通过数据建模自然形成数据资产相关要素，大幅降低数据资产建设难度和工作量。

6.4.2　元数据：数据资源摸家底

元数据是数据资产的承载者，需要通过元数据对数据资产的主题领域、概念实体、逻辑实体及物理结构进行描述与关联。

1. 元模型定义能力

支持对业务元数据、应用元数据、技术元数据、管理元数据等的元模型配置，包括业务术语、业务词汇、系统定义、功能、界面、表单、API、请求、数据库、表、字段、索引、管理部门等；配置业务元数据、应用元数据、技术元数据、管理元数据之间的关联，并支持对元模型与元模型间关系的配置，包括依赖关系、组合关系等。

2. 技术元数据采集能力

从错综复杂的企业数据存储系统和数据集成处理过程软件及脚本中，解析和采集各种技术元数据的能力，以应对各种数据存储系统环境，这个环节通常需要使用各种技术和语法来支持大数据平台的相关组件、关系数据库、国产数据库、数据集成处理工具、存储过程、ETL脚本、文本文件、表格文件等技术元数据的自动化采集。

3. 应用元数据采集能力

应用元数据采集能力是通过采集应用系统的前后端数据流向，形成对功能、界面、表单、API、请求、SQL、表、文档的多个维度链路图谱，从而协助企业更加精准地梳理应用系统数据架构，通过元数据分析，使企业更加深入地了解应用系统的数据现状、业务特性、功能范围，以及数据字典与库表结构之间的关联，还原系统的数据全景，与技术元数据、业务元数据实现连接。

4. 业务元数据采集能力

采集企业环境中的业务元数据，多以梳理模板或填报录入的形式进行，并完成与应用元数据、技术元数据的映射，为元数据赋予业务属性，这也是发挥元数据管理业务价值的一个关键。

5. 元数据存储能力

元数据存储能力是指将采集过来的元数据进行统一存储的能力，为支持各种元数据以及元数据之间的关系的存储，元数据存储需要灵活可扩展的架构支撑。另外，能够实时更新存储也是很重要的一点。

6. 元数据分析挖掘能力

元数据分析挖掘能力包括：

- 链路/血缘/影响分析。通过分析数据的来源和数据的流向，揭示数据的上下游关系，描述并可视化其中的细节，方便用户对关键信息进行跟踪，并提供横向（当前）和纵向（历史）的分析能力，以方便用户对同一时期不同对象和不同时期同一对象的变化情况进行分析。

- 关系分析。对元数据脉络的拓扑关系分析，可以从一个元数据开始，在各维度构成的图关联中进行检索。还可以针对某个元数据，从类型、语义等多维度进行分析，以寻求业务上或技术上类似的元数据，并对相似程度以权重值的方式进行评估。
- 对比分析。对不同环境中的元数据进行对比分析，分析其中的异同，必要时还能根据分析结果产出相应的分析报告。

7. 元数据变更控制能力

元数据变更控制能力是指当元数据需要变更时，提供变更审核能力，明确元数据版本，保存元数据的历史状态，在发生任何问题时可以自动恢复到之前的版本。在某个元数据项发生变更时，可能还需要对该次变更将要产生的影响进行分析和评估。

6.4.3　资源目录：全要素关联的资产掌控

从认知角度来看，数据资产是有价值的数据资源；从实践角度来看，数据资产是数据架构的具象化。因此，数据资产管理需要做到将数据架构中的数据模型、数据分布、数据流向进行结构化落地与呈现，并对此开展管理和优化工作，以及对数据资产所描述的数据进行质量管控，从而为企业交付可信数据资产，提供数据资产分级分类下的多维度视角展示、数据资产共享对接与管理等信息。

数据资产建设基于元数据，必须具备数据标准、数据质量、资产目录的核心能力。

1. 数据标准核心能力

数据标准是基于业务操作和IT实践总结得出的标准化的数据定义、分类、格式、规则、代码等，用以保障数据定义和使用的一致性、准确性。

1）数据标准定义能力

数据标准包括业务术语标准、数据元标准、参考数据标准、主数据标准、指标数据标准。

- 业务术语标准：是企业中业务概念的描述，规范的词汇定义。

- 数据元标准：是通过一组属性规定其定义、标识、表示和允许值的数据单元。
- 参考数据标准：是用于将其他数据进行分类的数据，对其的描述、值域、唯一标识的规范化定义。
- 主数据标准：是对核心业务对象可进行跨系统共享的相关属性、代码、编码等的规范化定义。
- 指标数据标准：是对企业分析指标口径、算法、规则的规范化定义。

2）标准制定发布能力

数据标准经过讨论与评审后进行公开发布，可以视为权威发布，具有流程上的正式性与权威性，发布后在企业内进行贯彻与执行。

3）标准落地映射能力

数据标准需要与数据资产进行关联，并将标准与实际系统、实际数据进行映射，这样才能通过数据标准约束模型、约束数据，发挥数据标准价值。

基于数据标准落地实现的管控存在于数据建模、数据模型审核、数据集成处理、数据集成后的数据检核等多种场景下。

2. 数据质量核心能力

数据质量建设应具备数据质量规则管理、检核脚本管理、任务管理、检核结果管理、数据质量报告等功能，以度量规则和检核脚本管理为主线，以自身任务管理模块或者第三方调度为触发点，帮助企业建立统一的数据质量管理。从关键能力上看，数据质量需要有检核脚本自动生成、多线程检核、数据质量报告生成这三个核心能力。

1）检核脚本自动生成能力

数据质量检核实际上是按照脚本执行并筛选出有问题的数据。随着数据质量度量规则的增多，人为手工编写脚本的方式已经无法应对快速增加的度量规则，比如，一个中等规模的企业就具备上千条度量规则。因此通过配置的方式，利用脚本生成引擎自动生成检核脚本，是数据质量必须具备的能力。

2）多线程检核能力

检核脚本的执行时间是影响及时查看到数据质量问题的另一个关键因素。在脚本执行过程中，需要采用多线程并发执行来保证在较短的时间内检核出有问题的数据。

3）数据质量报告生成能力

数据质量报告是对企业数据质量情况的总结分析，需要从不同维度系统、部门、检核类别等维度生成固定数据质量报告。还需要支持能够按照选择的数据质量规则、时间等条件生成个性化的数据质量报告。

3. 资产目录核心能力

数据资产经过分级分类和标签化后，可以以目录化的形式呈现，提供数据资产多维检索、可视化展示、关联拓扑、流向链路、统计分析、对接共享、申请授权、审核审计等能力，从而构建一个企业业务人员与技术人员共同使用的数据与知识门户。

资产目录核心能力包括标签与分级分类能力、资产检索展示能力、共享对接管理能力等。

1）标签与分级分类能力

数据分类是从业务、技术等视角对数据资产的层级进行划分，可基于预置的分类层级，将数据资产挂接到相应的分类下；数据分级基于安全诉求，以分级的设置体现敏感与非敏感数据，可基于数据分级进行数据安全管控等操作；资产标签是分级分类的基础，是对数据资产的画像，可设定权威标签与自定义标签，每个使用者都可以建立自己认知范围内的标签画像，通过资产标签可以更快速更便捷地了解数据资产。

2）资产检索展示能力

提供统一的体系对数据资产进行检索和可视化展现，支持多入口、多终端；支持分级分类和标签化体系下的多维度检索，甚至会根据用户的查找习惯新建一个完全不同的检索方式，可以查看数据资产的业务、技术和管理等多维度信息、关联关系信息、链路关系信息、关联应用信息等。

3）共享对接管理能力

资产目录的价值是推动数据资产的共享应用，因此资产目录必然需要方便使用者与管理者的在线对接，包括数据资产挂接发布、申请授权、共享提供、变更通知、作废销毁等相关流程的在线化实现；还需要对数据资产的使用情况进行记录，便于统计使用情况与审计数据资产使用安全。

6.4.4　数据服务：服务封装响应数据需求

1. 数据服务需求

在数据资产建设取得一定成效后，必然会进入数据服务建设阶段。这是因为数据资产不仅需要以台账形式供查阅，更需要发挥数字化转型对数据需求的快速响应作用，以及通过数据资产驱动业务创新的作用。因此，需要建立完善的数据服务体系能力来支持这一阶段的建设。

数据服务体系包含由数据需求转化成的服务需求定义，以及对从服务需求到服务开发提供的全过程支撑。

其中服务需求定义主要取决于数据需求的结构化，可将不同类型的数据需求转化为不同类型的服务需求。对于服务需求类型，结合经验我们给出了一些参考：

1）数据查询服务

对于某一个或多个数据资产的数据查询获取，多以API、文件、消息、在线页面、数据推送等方式提供数据查询服务成果，支持数据资产任意属性的各种查询条件过滤。

2）数据填报服务

对于某一个或多个数据资产的数据填报需求，以填报页面和填报流程返回服务成果，可支持对填报内容校验、多方填报数据合并等。

3）数据加工服务

对以某业务数据诉求为目的的数据加工计算需求，其来源需基于既有数据资产，需要明确加工计算规则。数据加工服务产生的结果可形成新的数据资产，并以与数据查询服务相同的方式返回服务成果。

4）数据分析服务

对于以某数据分析或挖掘诉求为目的的数据加工及展示需求，一般会分为两段需求：第一段与数据加工服务内容相同，但此段内非必须；第二段为基于第一段成果或既有数据资产进行数据展示的服务内容，可包括报表、多维分析、即席查询、大屏展示等多种丰富的可视化内容。

5）数据治理服务

针对解决某个数据问题的治理需求，需要对需求进行鉴别盘点，确定治理方向，可细化为数据质量修复、数据标准制定、资产信息补全等治理方向的需求。

如上服务需求只是一些常见需求的总结，对于服务需求并无严格标准，企业可结合自身业务与数据需求情况灵活定义。

2. 数据服务能力

既然存在多种数据服务需求，就需要数据服务体系具备完备能力来响应需求和提供数据服务，整理数据服务相关能力如下：

1）服务过程管理能力

服务过程管理能力是对服务需求所涉及的响应审批、方案编制、任务分配、服务提供和反馈评价等环节的过程管理能力，对于不同服务需求有着不同的流转过程，甚至同一服务需求因审核角色、数据范围、服务形态的不同都可能存在不同的流转过程。

2）服务开发封装能力

在广泛的数据源适配下，要提供各种服务开发生成并封装形成数据服务产品的重要能力支撑，需要具备多种程序语言和脚本语言开发能力，包括数据API生成、数据文件生成、报表/BI开发、机器学习开发等能力。由于服务开发类型较多，多数开发为多种平台工具集成共同承担，最后通过统一的服务封装形成最终数据服务成果。

3）服务发布管理能力

服务发布是指经过开发封装完成后的数据服务，在运行环境中发布并在服务目录中编目上架，可被数据需求方查看和调用的过程管理。对于数据服务，可存在上架、更新、下架、销毁等多种状态变化。

4）服务版本管理能力

因数据服务存在变更情况，需要通过版本来进行细化管理，因此对所有服务版本发布操作进行留痕，以便于查看。例如，可对不同版本进行比对查看差异，支持对更新升级版本的回退操作。

5）数据权限控制能力

在服务开发与服务封装两个环节中，因数据安全保护要求，无论是数据需求方还是服务开发执行方，都需要进行数据权限控制。数据权限包括接入权限、数据资产及属性查阅权限、具体数据行权限和列权限等。

数据服务是数据资源平台能力体系建设的基础支撑和关键目标，是以"平台化"理念建设的涵盖数据驱动全要素的服务能力平台，需要企业在结合自身实际情况的规划路径指导下，围绕"让数据资产用得了，让数据价值用得好"，将数据服务平台作为打造数据资源平台的关键拼图，将数据资产转化为数据生产力，为数字化转型场景落地夯实基础。

6.4.5 知识图谱：构建智能化数据应用

知识图谱可以理解为对知识的一种结构化描述，它以结构化的形式描述客观世界中概念、实体及其之间的关系，便于计算机更好地管理、计算和理解信息。它是新一代的知识库技术，通过结构化、语义化的处理将信息转换为知识，并加以应用。

参考面向对象建模方法，知识图谱建模可以分为知识边界划分、概念建模、关系建模三个部分。如果大家了解领域驱动设计（DDD）的话，就知道所谓领域就是边界的划分。领域知识图谱的建设首先也需要做边界的划分。因为同样一个概念，在不同的语义环境下表示的事物是不一样的，例如"产品"，在市场、设计、制造、维修、营销这些子领域，都有不同的含义，也就是有不同的概念和关系。为减少知识建模的复杂度，需要进行子领域的划分。

通常，针对每一个专业领域，子领域会是完全不同的，貌似没有规律可言，但是按照我们的经验，可以将知识图谱的子领域分为拓扑结构、数据准备、事件、处置四个大的类型：

- 拓扑结构：是指人、组织、物体、地点这些可标识的事物，包括事物的概念（也可以说是术语）、属性以及它们之间的关系。

- 数据准备：是指如何收集、检验拓扑结构所需要的概念（术语）。

- 事件：是指拓扑结构上可标识事物产生的事件，包括各种类型的事件、事件源、事件表象、属性等。

- 处置：是发生事件后的处置动作，例如故障产生后的应急处理、营销事件产生后的促销行动。

这四种类型是知识图谱建模中必须涉及的部分，只是每个部分在不同领域的具体分类不一致而已。

知识图谱的概念建模与关系建模类似面向对象的对象建模，都是对客观世界的总结与抽象。概念/属性建模与面向对象中类的定义非常类似。面向对象的关系默认有继承（Inheritance）、泛化（Generalization）、实现（Realization）、依赖（Dependency）、关联（Association）、聚合（Aggregation）、组合（Composition）几种类型，但在知识图谱建模中，需要对关系进行更加深入的抽象，例如我们在银行智能风控领域建立知识图谱，关系就包括显性关系（担保、投资等）、隐形关系（同一自然人、亲属关联、注册地关联、贸易链关联、生产经营影响等），这种关系的归纳对于知识推理与呈现具备重大的意义。关系的归纳往往是一个难点，因为经验告诉我们，在面向对象建模中，关系的建模往往比较随意。

知识图谱的关键技术架构分为知识表示、知识存储两个部分。

常用的知识图谱表示方式是三元组方式，三元组是由实体、属性和关系组成的。具体表示方法为“实体、关系、实体”，或者“实体、属性、属性”。基于已有的三元组，可以推导出新的关系，知识图谱要有丰富的实体关系，才能真正达到它实用的价值。

知识图谱的存储主要以图结构为主，图数据库也逐渐从冷门变成了现在被广泛应用，但是随着知识连接越来越丰富，图数据体量也越来越庞大，因此对图结构存储及遍历的优化是知识图谱存储目前聚焦的重点。

6.5 基于现有数据构建数据分析模型

2023年2月15日,有着40多年历史、被业界专业人士称为"数据仓库人才黄埔军校"的Teradata宣布退出中国。从1997年进入中国开始,Teradata(我们都称呼它为TD)给业界的印象可以用两个词概括,即"专业""昂贵"。TD针对行业的大量数据分析模型的专业度令人惊叹,但TD产品、顾问、实施的高昂费用,使得它只被金融、电信等IT起步早、投资巨大、人员素质高的企业采用。

经常有人有这样的问题:我有很多数据,却不知道如何分析、如何使用。这一节我们要讲的就是如何基于现有的数据,分析其特点和特征,构建出便于数据分析的模型,让TD这样的数据分析建模能力进入"百姓家"。

6.5.1 原始数据加工为分析数据

我们在6.3.2节中提到,分析数据包括"维度事实模型数据"和"图模型数据"。维度事实模型(在数据仓库领域也称为多维数据模型)是为了满足用户从多角度、多层次进行数据查询和分析的需要而建立起来的、基于事实和维度的数据库模型,其基本的应用是为了实现OLAP。这句话比较拗口,简单说就是,业务系统产生的事务数据、观测数据等,在用于分析查询时很不方便,必须将这些原始数据加工成为便于分析查询的维度事实模型。

维度事实数据是根据原始数据加工而成,其数据的流向如图6-10所示。

(1)原始数据(例如事务数据),经过数据同步,进入贴源层(ODS,原始数据层),之所以叫贴源层,是因为这里保持数据的原貌,不做任何修改,这样未来的数据清洗、加工过程就不会对原系统产生影响了。

(2)贴源层的原始数据副本需要进行清洗、加工,成为数据仓库层(DW)的维度事实模型数据。例如,空值去除、过滤核心字段无意义的数据(比如订单表中订单id为null,支付表中支付id为空)、数据拆分等。维度事实模型数据包括明细数据和汇总数据两种情况,后者由前者汇总而来,我们会在下一小节详细介绍。

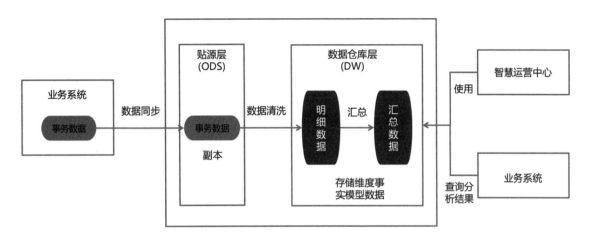

图 6-10　原始数据加工为分析数据

（3）业务系统或者智慧运营中心的指标应用，使用明细数据、汇总数据完成数据应用，既可以同步到自己的数据库中再加工，也可以直接查询。

上述数据仓库理论由特大型企业发起，变得越来越复杂，名词众多，例如DW、ODS、DWD、DWM、DWS、ADS、数据仓库、数据集市、数据主题等，这里我们一一解释一下，以便更加容易理解数据分析的本质。

DW（Data Warehouse，数据仓库）建设的目的是为前端查询和分析做基础，主要应用于OLAP，支持复杂的分析操作。因为数据仓库中数据众多，于是就将它们分割为不同的数据主题，就是做分类，例如供应商主题、客户主题、协议主题等。

特大型企业数据仓库中数据众多，可能达到GB甚至TB数量级，即使如金融行业投资巨大也不能一次性建设完成，因此只能按照数据仓库维度事实建模理论做一个主题，针对具体应用（即数据集市）来建设。

即使建立了数据仓库，也需要有数据集市的概念，因为数据仓库的数据是被多个业务重用的，而数据集市只针对一个具体业务报表。例如展现指标的时候，数据仓库的维度事实模型有很多维度、度量，而报表中不需要这么多，就可以建立一个简化的模型专门针对报表需求，而数据就数据仓库裁剪、同步过来。

ODS（Operation Data Store，贴源层）是原始数据的意思，用"贴源层"比较形象，就是原始数据的一个副本，便于数据处理时不再依赖原始系统。

DWD（Data Warehouse Detail，数据明细层）、DWM（Data Warehouse Middle，数据中间层）、DWS（Data Warehouse Service，数据服务层）是数据仓库的细分，DWD 是ODS数据加工清洗后的明细数据，DWS本质是对明细数据的汇总，DWM 是对明细数据汇总的临时表。这里我们总结了明细数据、汇总数据两个概念，其他概念都是在技术层面做实现优化的结果，没必要过多纠结。

ADS（Application Data Service，数据应用层）主要是用于生成报表的数据，我们称为指标数据。

这样我们就将复杂的数据仓库建设词汇对应起来了，按照数据重用的理念，一层层叠加：

（1）贴源层是原始数据的副本。

（2）数据仓库层是维度事实模型数据，分为明细数据和汇总数据，目的是提供共享的数据，为数据分析提供服务。

（3）指标数据是针对具体报表的，不存在重用的情况，不存放在数据资源平台中。

6.5.2 分析数据的基本概念模型

维度事实模型是数据仓库为数据分析建立的数据模型，其中最重要的概念是事实表和维表。事实表是用来记录具体事件的，包含了每个事件的具体要素以及具体发生的事情；维表则是对事实表中事件要素的描述信息。比如，一个事件会包含时间、地点、人物、事件，事实表记录了整个事件的信息。

这里我们举一个极其简单的例子进行说明。如图6-11所示就是一个事实表及其相关的三个维度表，事实表是销售的汇总，其中销售金额和销售数量是这个表的度量，产品类别、销售区域、时间就是三个相关的维度（维度的具体信息记录在维度表中，这样可以节约存储空间）。这里，每个不同类别产品在特定时间段（按日统计）、特定地点（按街道统计）都是一条记录，进行数据分析时可以根据不同维度进行汇总，例如查询某一年销售全部产品的情况，也可以继续下钻，查看某一类产品在这一年的销售情况。这样的数据比原始数据更容易查询。

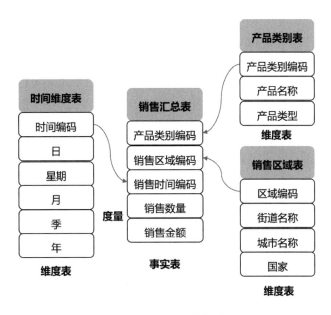

图 6-11　星型模型

像图6-11这样的模型我们称之为"星型模型"，因为它的事实与维度的形状类似"星星"。还有一种"雪花模型"，就是将维度表进一步展开，类似图6-12所示，将销售区域表中城市和国家单独存储，形状类似大星星套小星星的"雪花"状。两种模型本质是一样的，我们统称为维度事实模型。

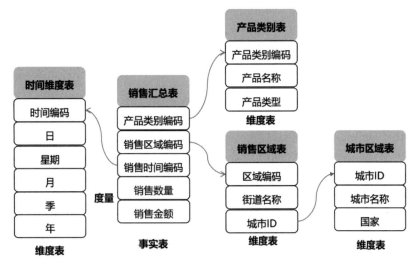

图 6-12　雪花模型

此前的图示模型依据的是销售情况的汇总数据，无法反映每次销售的信息，因此也需要有明细数据的建模，图6-13所示就是一个销售的明细数据模型，它也是维度、事实的概念。可以看出，每次销售活动都会产生一条数据。

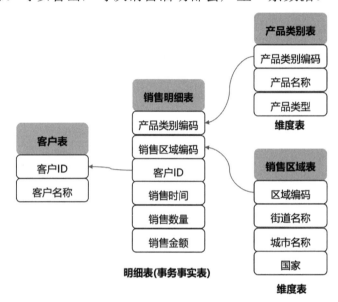

图 6-13　周期快照事实表模型

通常，明细数据是由原始数据的副本（贴源层数据）加工清洗而来，再由明细数据汇总为汇总数据。需要说明的是，原始数据的每一条记录未必一定对应明细数据的一条记录，有时候会根据情况进行拆分。例如，原始数据中一个订单中有两个产品，就要按一定业务规则拆分为两条记录，每个产品一条记录。从这个情况我们可以知道为什么原始数据必须进行加工，实际上由于原始数据存在各种各样的问题，必须经过清洗、加工才能成为有质量的数据。在数字空间建设的过程中，这也是工作量比较大、复杂度比较高的工作。

维度模型是数据仓库领域大师Ralph.Kimball所倡导的，《数据仓库工具箱》是数据仓库领域有关数据仓库建模的经典著作。在这本书里面，明细数据模型被称为"事务事实表"，汇总数据模型被称为"周期快照事实表"（见图6-13）。

除了用事务事实表的模式表达明细数据，Kimball还提出了"累计快照事实表"的模式（见图6-14），就是一个活动（事务）的不同阶段都在同一条记录中，图6-14

中就把销售情况的订货时间、预定交货时间、实际发货时间都记录了下来。如果按照事务事实表的模式，这会产生三条记录，因为是不同的活动。这种方式的好处是：在流程优化时容易比较不同阶段的情况。

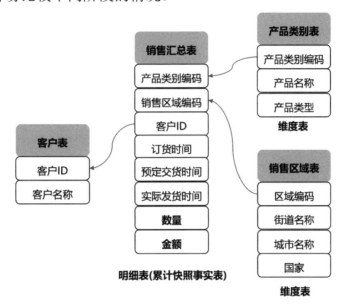

图 6-14　累计快照事实表模型

6.5.3　构建分析数据模型

前面我们介绍了分析数据建模的基本概念，那如何根据业务数据构建这一模型呢？我们经常会发现，一般传统业务系统的设计师侧重流程、业务对象的设计，在分析数据建模的时候，往往不知道应该从何种维度分析数据，如何从企业视角建立分析模式；而传统数据分析师在收集数据、理解业务流程方面常有欠缺，导致设计的数据模型无法反映实际业务情况。

通常维度事实模型都是根据事务数据构建的，也就是根据业务过程构建数据分析模型，这在 Kimball 的著作中也重点提到。建模的过程一般为：选择业务过程、选择数据粒度（前面提到的将每一个销售活动按照产品进行分拆，就是重新定义了粒度）、识别维表、选择度量的事实。但是，如何与业务过程、存量业务数据对应起来，仍缺少原则，实施起来有难度。

我们需要找到一个方法，根据现有数据的特征快速构建事实维度模型。

6.5.4 四色原型梳理存量数据

在设计维度事实模型时，我们往往会拿到一批原始数据模型，有很多张数据表，也有很多数据，它们是维度事实模型设计的输入。分析这些数据，根据数据的特征分门别类，就可以为分析数据建模提供依据。

我们可以把数据分为四种类型：

- MomentInterval：简称MI，就是一个业务活动，例如下单，用淡红色表示；MIDetail，就是活动的具体描述，也用淡红色表示。
- Part Place Thing：简称PPT，就是组织、人员、地点、物体，用淡绿色表示。
- Role：角色，就是组织、人员、地点、物体用什么角色参与到活动中，例如在订单的活动中，下单人、支付人、收货人可能是同一个人，这三个就是角色，用淡黄色表示。
- Description：简称Des，就是描述信息，用淡蓝色表示。

用一句话来描述就是：某个人（Party）的角色（PartyRole）在某个地点（Place）的角色（PlaceRole）用某个东西（Thing）的角色（ThingRole）做了某件事情（MomentInterval）。

这一定义来自于"四色原型"法，是一种很重要的面向对象建模方法，自《彩色UML建模》一书中提出至今已有20年。四色原型法如图6-15所示。

下面举一个实际的业务案例，如图6-16所示，当然，为了便于理解我们做了适当简化。这是一个大型装备制造企业的案例，这家企业为下游企业提供工程设备，因此就要为这些设备提供维修服务。

提供设备维修服务的来源有三个：一是客户遇到故障后的保修；二是顾客提前预约的日常维护；三是设备的计划性保养，一般是装备部根据设备使用情况提前确定下来。这里就有三个业务活动，产生"来电受理单""预约服务单""计划任务单"三个活动数据。

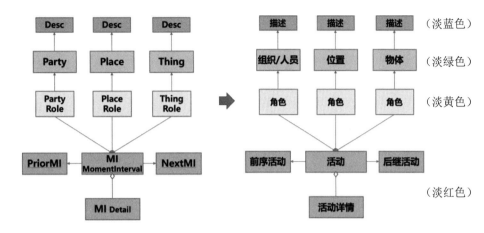

图 6-15　四色原型法

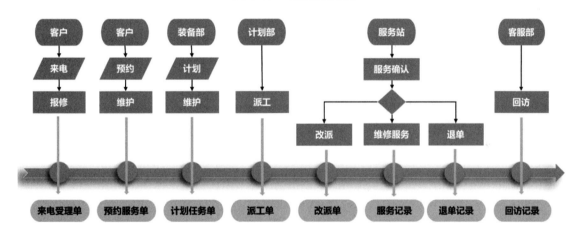

图 6-16　业务活动案例

　　上述三个活动都会触发计划部发出派工的指令，也就是派工的业务活动，产生业务活动数据"派工单"，派工单包括承担维修服务任务的服务站点（根据就近原则）、派出满足当前任务要求的维修工程师、提供维修服务的地点（包括出发的经纬度、到达服务地点（车站）的经纬度、服务实施地点的经纬度）、计算到达地点的里程以及紧急程度、派工的类型（主动服务还是被动响应）。

　　派工后，正常情况会发生现场维修的活动，产生"服务记录"，包括服务内容、出发时间、到站时间、完工时间等。特殊情况下，当前工程师已有安排或者该工程师不具备维修服务能力，就会产生改派，安排其他人或者其他站点前往，产生业务活动数据"改派单"。另外，还有退单的可能，例如与客户联系，客户不具备维修的条件，就会发生退单，产生业务活动数据"退单记录"。

最后，服务完成后进行回访，调查客户是否需要返修、维修服务响应的时间、客户是否对维修服务满意等，产生业务活动数据"回访记录"。

以四色原型法梳理业务活动，如图6-17所示。我们可以看到"来电受理单""预约服务单""计划任务单""派工单""改派单""服务记录""退单记录""回访记录"数据就是业务活动（MI）数据，这样的数据库表用淡红色表示；"服务站""员工""客户""计划部""地址"都是组织、人员、地点，这样的数据库表，用绿色表示。为了简化，我们没有把维修服务面对的"设备"考虑进来，实际上这是比较复杂的地方。"员工"参与到不同活动，就是不同的角色，这样的数据库表用浅黄色表示。在梳理角色的时候需要注意，有些角色未必存在数据库表中。图6-17中，"客户"和"计划部"右边的小黄框表示关系数据模型设计中的一对多关系。

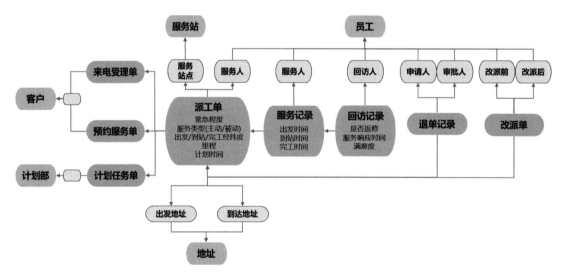

图 6-17 以四色原型法梳理业务活动示例

通过上面的方法，就可以系统性梳理存量的业务数据，为构建维度事实模型建立基础。实际在梳理的过程中，会遇到很多不可预见的情况，需要和企业的具体业务流程对照起来，不能仅仅依赖数据。

6.5.5　基于梳理构建分析模型

经过上述对现有业务数据的梳理，形成了"四色原型"的表示方法，我们就可以利用"四色原型"与维度事实模型的映射关系，进行维度事实模型的设计。

维度事实模型中，事实表对应业务活动，极端情况下，我们可以为每一个活动设计一张事实表（当然这是不必要的）。如果为业务活动设计明细数据的话，维度就来自"活动"对应的"角色"。

明细表分为两种，当业务活动与后继活动关联比较强的时候，往往采用累计快照事实表的方式，将几个活动放在一张表中。

如图6-18所示，我们把前述设备维修服务的例子做一个明细数据设计的示例。

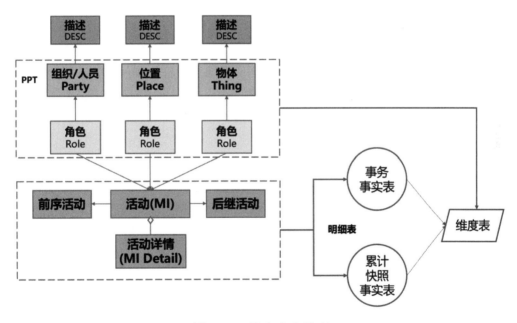

图 6-18　维度事实模型

- 从所有业务活动（MI）中选择关键业务活动。按照业务流程，分析设备维修业务，找出核心业务活动，这里发现派工单是核心业务活动。

- 确定明细数据模型类型（单纯的事务表还是累计快照表）。服务记录、反馈记录是派工单后续活动产生的事务数据，和派工业务活动紧密关联，因此我们决定使用累计快照表的方式。

- 确定维度。由于是明细数据，理论上包括了所有维度，如客户、服务站、工程师、维修地等。除此之外，我们注意到，有一些统计维度没必要作为单独的维度表，可以称之为退化维，它一般都来自参考数据（码表），例如需求的紧急程度；也可能是前序活动，例如派单来源。

- 选择要分析的指标，确定度量。当前业务活动和后继活动中，大多数值型的数据都会成为度量值的备选，一般数量、金额、时长是被首先考虑的，在这个例子中还包括赶赴维修地点的里程。

此外，后继活动的状态也可进行度量，这个派单的状态是正常完成、改派还是退单。

通常，明细表都会对应汇总表，从明细表设计汇总表就比较简单了：

- 降维，看看哪些维度可以不考虑，这个例子中我们没有降维。

- 增加通用维度，时间维度是一个特殊的通用维度，一般总会增加。目前，地址维度在很多业务中也可以看作通用维度。

- 增加平均、合计类的度量值。

很多情况下，没有明细数据也会直接生成汇总数据。这里，我们把设计明细数据模型的过程作为设计阶段的逻辑概念，是一种逐步递进设计的思考方式。

明细数据设计如图6-19、图6-20所示。

总结一下，根据对业务数据"四色原型"法的分类，建立了与维度事实模型的映射关系，再根据业务"活动"确定明细数据、汇总数据的维度和度量，就完成了维度事实模型的构建。维度事实模型的递进设计如图6-21所示。

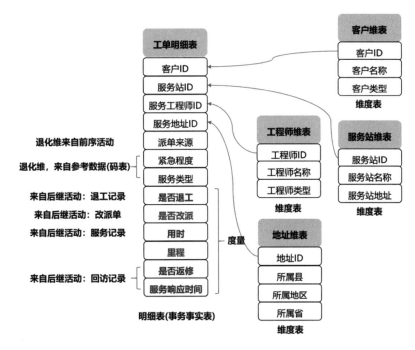

图 6-19　明细数据设计

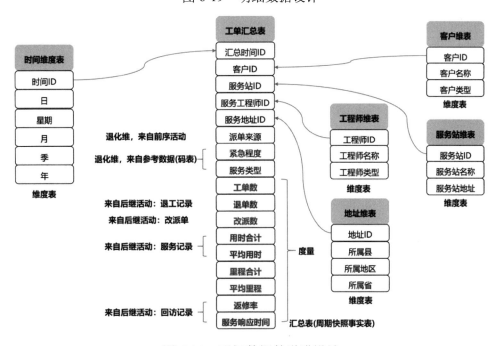

图 6-20　明细数据的递进设计

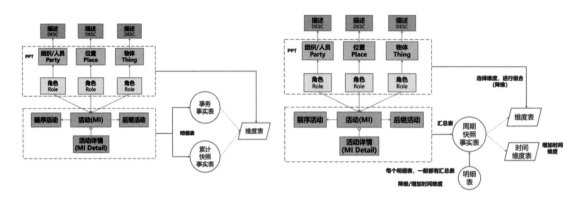

图 6-21　维度事实模型的递进设计

6.5.6　宽表方式数据分析

将事实表、维度表数据分表存储是关系型数据设计的基本做法，符合三范式原则，能够减少数据存储的大小。但是，这种方式在查询时需要进行多表的关联，对于不太精通SQL的业务人员不太友好，因此，当业务部门需要做数据分析工作时，需要向IT部门提出需求，IT部门理解需求后开发报表、指标，再进行反馈。虽然目前也有自助分析等工具，但是分表存储经常让数据的使用者感到困惑。

我们可以想象一个场景，业务人员分析数据常见的情况是将数据下载后导入Excel中再进行分析，如果采用维度表、事实表模式，就会导入多个工作簿，利用类似vlookup函数的方式进行处理，非常不方便。

如果我们将所有数据拉平，不再有维度表、事实表的分离，在一张表格内体现所有数据项，数据分析就会非常简单。即使不用Excel进行数据分析，很多业务人员也很容易掌握单表查询的SQL的使用，这样做的方式我们称之为"事实宽表"。图6-22所示就是一个示例。

事实宽表的模式，在关系数据库存储数据的时代，会有大量的数据冗余。采用列式数据库存储，可以将每列中重复的数据合并存储，解决了数据冗余的问题，这也是OLAP通常采用列式数据库的一个原因。

这里，我们一般推荐用宽表方式存储数据，但是在设计宽表的时候，还是用维度事实模型进行维度、度量的分析。

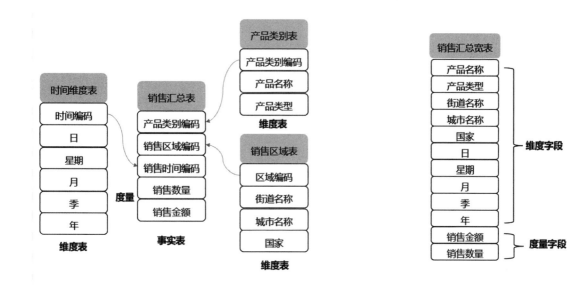

图 6-22　从星型跨表模式到事实宽表模式的示例

6.6　数　据　编　织

随着企业数据应用的深化，尤其是低代码开发理念的提出，业务人员能便捷地看数和用数，即业务人员在其业务分析场景构思完成后，可以快速实现数据分析，进行论证和调整，提升数据应用的效率和成效。数据资源的运营模式从被动响应的"保姆式"开发模式，转变为基于数据资源平台的"服务+自助"式开发模式。

6.6.1　数据资源目前还无法"随心而用"

传统数据分析多由技术人员进行数据准备、分析模型实现、报表或主题分析界面开发等工作，如果业务需求与技术实现存在偏差，就需要多次调整，因此时效性较差。例如：企业部门管理者对下属销售人员进行效能分析，以部门主营业务视角分析销售人员主要客户群、商机转化、执行力等影响业绩的因素，而涉及的商机、合同、合同相关产品或服务、客户、客户行业板块等数据在CRM系统中，收款、收入、成本、利润等数据在财务系统中。那么就需要部门提交需求，由技术人员进行数据同步、融合处理、报表展示等开发工作。

目前各种BI软件，虽然具备了"自助报表"能力，可以让业务人员根据数据库表自助配置查询或者生成报表，但存在如下问题：

（1）对于多表关联的情况，自定义查询依旧比较复杂，不能像单表（宽表）那样使用简便，还会出现关联过多、查询性能低、过多占用数据库资源的问题。

（2）自助查询的数据必须依赖于预置式构建，无法穷尽所有数据组合，业务人员不能构建数据集。

（3）数据必须物理存在于中央存储中，通过ETL形式复制数据，无法直接针对源系统进行查询。

6.6.2 基于数据资产的多源虚拟视图

为了解决上述问题，我们考虑引入数据编织的设计理念。前文我们讲过数据资源管理的集、联、治、用，数据编织是一种跨平台的数据动态整合方式，以"联"替代"集"，构建对不同系统数据的虚化连接网络。在数据编织的能力之上，我们可以实现一种数据虚拟视图体系，通过数据虚化连接构建数据分析所需的个性化数据集；同时，根据不同场景，利用物化存储、数据编排、内存计算、虚拟数据库等多种方式，智能化选择数据虚拟视图的实现。通过这种手段，在数据分析时能够自助实现灵活的数据集定义，同时可以利用BI和低代码工具，基于适合的数据集进行自助查询。

基于数据资产的多源虚拟视图如图6-23所示。

业务人员或者数据分析师有分析需求时，基于数据资产目录进行检索，选定涉及的数据资产，根据数据资产的元数据选择某些维度和指标，并根据需要配置相关计算公式，再由虚拟视图平台实时构建、组装为分析所需的个性化数据集，提供给报表、BI、机器学习、隐私计算等工具作为数据源，使业务人员或数据分析师可以自助化构建分析数据集和实现分析工作。

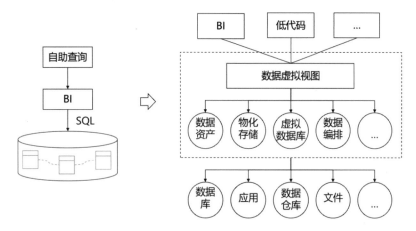

图 6-23　基于数据资产的多源虚拟视图

虚拟视图需要对不同来源的系统数据进行多模式数据库适配，在逻辑层定义一致化语义，实现逻辑连接，包括关联、组合、嵌套等连接形式，还涉及分组聚合、分支判断等逻辑规则，根据相应的规则配置智能生成数据访问路径，根据路径节点分布生成不同数据源的多模式数据访问SQL，将多源查询结果自动化归并融合，支持拼接、包含等多种合并方式，形成最终结果数据集，并且要考虑大小表关联、嵌套查询、数据拼接、查询条件等优化策略。

这样就可以对虚拟视图网络能够触达的系统数据进行数据分析，大大扩展了数据范围，使数据分析能超越数据湖/数据仓库限制，由中心集中式变为结合虚拟视图的广域覆盖式。虚拟视图与数据仓库区别，首先在于适配的场景不同，虚拟视图用于满足基于个性化数据集进行的个性化数据分析工作，数据仓库用于满足普适通用场景下基于固化数据集的数据分析工作；其次，虚拟视图更多是以一个宽表形态的结果集呈现，数据仓库则是包含事实表、维表等数据仓库模型的体系结构。

虚拟视图也可以和数据仓库有机结合，对于一些高频使用的虚拟视图，可转化为数据仓库中固化的事实表，使之成为广泛、普适的分析场景。

6.6.3　虚化与物化的智能化转换

虚拟视图并不意味着不做持久化，反而通过物化存储可以发挥临时、缓冲的作用，提供高效的性能支撑，使数据查询的反馈效率更快。但什么时候、什么场景进行物化存储，则需要掌握虚化与物化的划分策略，根据场景智能化选择，并且在一定情况下可以动态灵活转换，从而更有效地利用资源，使用户得到最佳体验。

在虚拟视图进行物化存储时，需要考虑存储架构、生存周期、数据更新等方面的设计：

- 存储架构：虚拟视图的物化存储不以长周期和大量数据存储为目的，且存在高频读写的场景，因此不适用数据湖和传统Hadoop平台的存储架构，可采用PostgreSQL、ClickHouse、Redis、Ignite等相对高吞吐、高并发的存储架构。

- 生存周期：虚拟视图需要进行严格的生存周期管理，包括视图自身的生存周期以及物化存储数据生存周期，对不使用的虚拟视图进行销毁，对已过期的物化存储数据进行删除。

- 数据更新：物化存储就必然存在数据更新的问题，从更新策略上来看，分为全量更新和增量更新。全量更新可以一次性构建或者在每次分析前初始化数据，增量更新可以依据时间戳或顺序增长主键等条件进行数据更新。从更新频度上看，以定时更新为主，粒度可从准实时至长周期。根据虚拟视图的定义以及源系统的情况，可以智能化生成相应的ETL过程，同时对ETL过程进行监控，实现物化存储的自动化。

这里未考虑实时，是因为需要实时的场景几乎不太会进行物化存储，并且准实时可以做到分钟级，已经可以满足大部分分析场景的需求。

6.6.4　多级递进的数据筛选编排

虚拟视图可以有更充分的数据编排过程，很多数据分析场景需要从大的数据集中进行筛选以获得最终结果，因此虚拟视图需要支持将构建的数据集通过一定的过滤或分组条件，转变成新的数据集，并且可多次进行此类操作。

多级的数据筛选编排不应由多个虚拟视图组成，因为这样对用户而言，无论配置还是使用都具有较高的复杂度，应该是在一个虚拟视图中包含多个分层级的数据集，层级间是从大到小的数据集序列，且数据集间存在递进降维关系。

多级的数据筛选编排实现方式，是在最初数据集的基础上进行一定数据筛选后，将其子集形成新的数据集，并还可再次进行筛选操作，最终存在多个从大到小的数据集，形成了多级的数据集序列，这些数据集可一并提供给用户进行数据分析。用户可以从多层级的数据集中获取结果，构建复杂数据分析，包括多维钻取、级联操作等，或者通过多级数据集构建一个多元素的分析主题。

6.6.5 模拟现实的虚拟数据库

虚拟视图需要被报表、BI、机器学习、隐私计算等分析工具调用，但虚拟视图并非实体数据库，即使对虚拟视图进行物化，也要根据场景采用不同策略。那么虚拟视图如何被上层应用调用，就是一个关键问题。

基础的实现方式是通过RESTFul API或SDK等方式供上层应用调用，这就需要上层应用具备API数据源的能力或集成SDK，需要有一定的适配工作。很多分析应用原有的数据分析调用都是数据库连接方式，这样历史的分析功能就很难迁移到虚拟视图进行支撑。

更智能、更便捷的实现方式是将虚拟视图以虚拟数据库方式提供给上层应用，上层应用可以通过JDBC驱动连接。虚拟数据库支持标准SQL语法集，这样对于用户来说甚至感受不到后端变化，原有的分析功能也可以做到无感切换，因此提供了最极致的体验。

6.6.6 系统集成形成整体数据生态

虚拟视图不是孤立存在的，它需要与企业数据领域相关工具进行集成，更好地支撑数据分析场景，并遵循企业数据治理和数据安全规范，实现数据统一管控与应用的目标。虚拟视图需要与如下平台系统集成：

- 与数据库系统集成：包括关系数据库、Hadoop平台、列式数据库、内存数据库、文档数据库等，适配数据库连接和SQL语言。
- 与数据资产目录或数据资产管理系统集成：通过数据资产目录或数据资产管理系统获取所需的数据资产，以及数据资产相关的元数据信息。
- 与上层应用集成：将虚拟视图作为一个虚拟数据源，以数据库连接、API、SDK、插件等方式进行集成，使上层应用可以连接并读取虚拟视图数据集信息和具体数据。

■ 与数据安全管理系统集成：读取数据安全分级以及脱敏、加密保护要求，虚拟视图在形成结果集时对相关字段进行数据脱敏或加密操作。

本节对数据编织和虚拟视图的剖析，为低代码方式进行数据分析的创新建设提供了一种新颖的解决方案和思路，并给出虚拟视图支撑平台构建的关键要点，即利用智能化方式提高虚拟视图的性能，管理数据生命周期。基于虚拟视图，业务人员或数据分析师可以便捷构建数据集，从而不依赖技术人员，自助完成业务分析工作。这样，一方面可以在其业务创新的想法产生时即时进行验证，提升业务创新效率；另一方面也可以降低业务需求与技术实现的差异，减少因沟通不够细致而导致的结果偏差，更有效地发挥数据价值。因此，虚拟视图必将是当前数字化转型发展过程中一个重要的探索和建设方向。

第 **7** 章

智慧运营中心

7.1 数据可视化培养企业数据思维

打造高规格、体系化、集团级的运营管控中心，不仅可以实现管理的透明化、决策的科学化，真正发挥数据要素的价值；更重要的是，运营管控中心的建设与推广可以帮助企业建立数据思维文化。

所谓数据思维，简单说就是面对业务问题，能不能用数据描述业务，用于沟通协作；能不能通过数据分析方法，提出建议来解决业务问题；能不能结构化地收集、整理、积累业务数据，提高数据质量。建立数据思维，企业可以得知数据是如何在企业经营各环节发挥作用的；个人则可以养成日常收集数据、事事用数据说话、用数据分析的习惯。

7.1.1 数据可视，对外对内两张大屏

很多企业的数字化转型都从几块大屏入手，这是非常有效的做法。数据可视化可以将数据想要表达的结果直观显示出来，同一件事情，用不同数据源的数据整合起来展示，更容易表达事情的来龙去脉和发展程度。通过数据的可视化，不同的人从不同的角度都可以快速看明白同一件事情的过程、结果和趋势。通过数据的可视化，使不同人、不同团队之间的沟通变得更简单了，要做什么、做到什么程度，效果一目了然，团队协作更容易了。

运营中心一般包含对内对外两块大屏，对外的大屏主要面向市场和监管，对内大屏主要面向企业内部运营。

建设对外综合大屏，从企业概况、重大合同情况、重大投资项目情况等方面展示企业形象、业绩形象，面向客户，面向市场，服务于监管。

建设对内的企业运营管控大屏，选用行业成熟的运营管控体系及相关数据模型与数据标准，围绕经营规模、财务状况、员工构成、成果与荣誉、承建项目管理情况等主题数据，建立全口径、多维度、多层次的决策分析模型，实现经营数据的可视化、系统化，为集团领导提供报表、分析、监控、预测等全方面的分析手段，实现运营管控从事后监督到实时监控、决策由基于经验的决策到基于数据的决策的转变。

7.1.2　以用促建，建立企业数据生态

随着智慧运营中心和数据可视化的深入，企业业务部门与科技部门间的协作也会发生变化：从国资监管运营指标入手，业务部门成为数据治理的推手，改变了"剃头挑子一头热"的局面；可视化的数据逐渐成为业务团队间沟通的必备手段，业务部门逐渐对科技部门的工作有了直观的认识，产生了依赖感；以前业务部门经常指责科技部门数据不准确，利用智慧运营中心的数据可视化手段后，数据成为一把手工程，一切以数据说话，业务部门逐渐认识到自己是数据的拥有者，成为数据质量的第一责任人。

7.1.3　关注结果，也要关注过程优化

企业的管理效率是运营中心最关心的问题，是将战略目标在不同的层面进行分解，然后逐步落实并实现的过程。国内越来越多的企业喜欢强调"以结果为导向""用结果说话"，有些领导爱说的话也是"不要给我看过程，我只要结果"。忽略了过程管理的重要性，而仅仅把过程管理和控制交给团队完成，仅靠团队或者个人的规范性和创造力，其实很难达成统一、良好的最终结果。

强调结果是重要的，强调过程管理也非常重要。同样，不同的团队实现过程管理的能力和方法各不相同，达成目标所需的时间也不同，耗费企业资源的多寡也不

相同。如果效率不高，方法不当，有时即使达成了最终目标，也只能用"惨胜"来形容，甚至有时越努力的员工对企业造成的损害反而越大。有些执行力专家也会强调"完成一项工作远比完美地完成一项工作重要"。这些不是不对，但是在数字智能的时代，企业应该用更多数字化的分析提升理性决策，而不是让员工凭借一腔热血拼命努力。

7.2　智慧运营中心的核心架构

7.2.1　运营中心业务框架

企业业务系统（财务系统、人力资源系统等）数据经过抽取、清洗、转换后形成经营规模、财务状况、员工构成、成果与荣誉、承建项目管理情况等主题数据，形成原始指标。再由原始指标经过计算、聚合形成业务指标，将集团业务系统中分散、零乱、标准不统一的业务数据整合在一起，减少相关部门的重复工作，实现数据统一、标准统一，同时为企业的决策提供分析依据。

建筑企业运营中心的业务架构可分为3级，包括企业级、部门管理级以及现场级。企业级主要包括战略规划、企业运营、工程项目、核心能力以及体系运营。部门管理级包含投资决策专业场景、融资专业场景、采购专业场景、供应商专业场景等。现场级主要面向一线员工日常操作的管控。运营中心业务框架如图7-1所示。

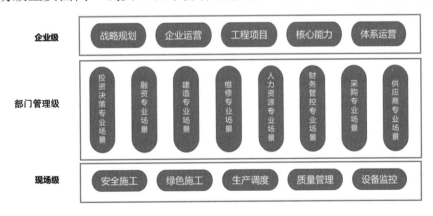

图 7-1　运营中心业务框架

构建企业运营中心，需要遵循如下原则：

1）"选"指标，兼顾内外双重因素

对于建筑企业而言，需要构建一系列指标体系，反映企业运营情况，在构建指标的过程中，应该充分考虑能反映企业内部经营状况以及外部生态的指标。

2）"看"趋势，洞悉企业运营情况

通过运营中心，可以监测企业每个条线、每个区域、每个项目的生产运营状况。

3）"评"价值，发挥数据要素的作用

通过一系列的标准对企业运营情况进行评估。

4）"找"问题，找到企业运营短板

通过设置每个指标的阈值，对企业运营异常指标进行预警，有利于发现企业经营中存在的问题。

7.2.2 运营中心数据架构

数据资源平台把各业务系统、填报数据、外部数据等进行整理归集，形成数据主题，为运营中心提供了基础数据。运营中心可以从基础数据中查询得到指标结果，进行展现；也可以针对基础数据进行加工，形成新的指标数据表，在数据资源平台中进行管理。运营中心的数据存储可以分为两种方式：

（1）不存储数据，所有数据来自数据资源平台。这种情况比较极端，在新构建数据架构体系的情况下或者数据资源规模不大的情况下可以采用这种方式。

（2）存储指标数据，但是在数据资源平台纳管，数据存储的架构和管理流程遵循数据资源平台的管理规范。这也是我们推荐的一种方式，数据资源平台本身是集中管理、分布式运行的。

运营中心数据架构如图7-2所示。

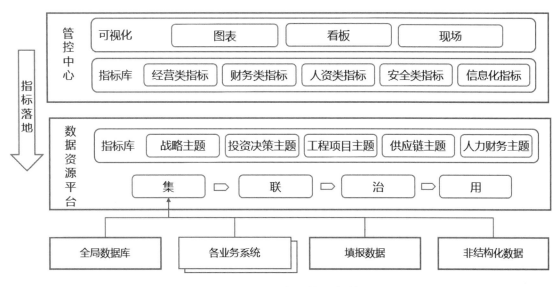

图 7-2　运营中心数据架构

7.2.3　运营中心的指标体系

实现智慧的企业运营中心，必须构建"纵向一致、横向协同、整体有效"的企业运营指标体系，让企业运营过程中的各个环节、各个部门的工作都可以被量化，通过建立指标、采集数据，对运营的各个环节都进行数据化和指标化，让所有运营活动都用数据进行表征，用数据说话，让企业可以更精细化地管理运营的各个环节，提升过程管控的力度，提高管理的精细化程度。

MECE（Mutually Exclusive Collectively Exhaustive，中文意思是"相互独立，完全穷尽"）是麦肯锡的第一位女咨询顾问巴巴拉·明托（Barbara Minto）在《金字塔原理》（*The Minto Pyramid Principle*）中提出的一个很重要的原则。所谓的不遗漏、不重叠指在将某个整体（不论是客观存在的，还是概念性的整体）划分为不同的部分时，必须保证划分后的各部分符合以下要求：各部分之间相互独立（Mutually Exclusive），所有部分完全穷尽（Collectively Exhaustive）。

根据MECE原则，指标体系的设计是一个多维分析的模式。从经营活动的角度，可以分为外部监管要求、企业级经营目标、管理控制要求和现场管控要求等指标。运营中心的指标体系如图7-3所示，L3-L4体现流程绩效，是管理控制的要求；L5-L6

的活动体现合规、现场管控的要求。指标设计要从核心经营、防范风险、履行职能、能力提升几个方面考虑，确保无遗漏；既要立足当下，又要着眼未来，可以从计划性和创新性两个方面考虑；既要考虑结果，又要考虑过程，通过指标为"管理前移"提供依据；从企业战略角度，指标既有任务完成的指标，例如规模、盈利、风险主题，也要考虑企业的能力建设，例如效率、发展主题。指标可以映射到经营/项目的KPI、部门/团队的KPI与个人的KPI。

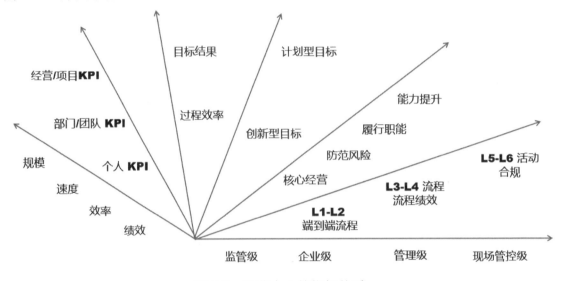

图 7-3　运营中心的指标体系

指标的具体类型包含规模指标、速度指标、效率指标、绩效指标。

- 规模指标：是对数量的统计，包括多少员工、员工的构成、项目数量、财务报表，这些都是可量化的指标，可以定义为规模指标。运营活动首先要保证有足够的量，才能有足够的产出。

- 速度指标：是成长型指标，除了保证规模、数量外，还需要有一定的增长速度。这是作为企业管理效率的核心指标。

- 效率指标：是指投入和产出比。效率指标决定了企业是否能够以更低的成本产生更高的产出。在市场经济时代，效率高的企业会比效率低的企业更容易在市场中生存。

- 绩效指标：绩效高低决定了企业是否有足够的收益，也决定企业是否有足够的资源再次投入。

7.3 敏捷迭代的运营中心指标实施路径

7.3.1 厘清指标与技术实现的关系

指标体系建设是运营中心的关键。建设良好的指标体系，首先需要厘清指标的基本概念。业界的很多论述多对指标的技术实现含糊不清，造成指标的逻辑与技术实现之间有两张皮，导致指标体系混乱。这里我们对指标的定义包含了业务概念和技术实现，以及它们之间的映射关系。

指标有三种类型：基础指标、派生指标和衍生指标。每种指标都包含一个度量和多个维度。度量就是指标的值，维度就是这个指标的统计口径。

（1）基础指标又称原子指标，直接和技术实现中数据库的表字段相关联，可以进行简单的SUM、COUNT等统计处理，其他指标都是基于基础指标进行处理、计算的。基础指标是指标体系与数据之间联系的纽带。

（2）派生指标是对其他指标进行约束得到的，包括对维度做约束、对度量值做约束。由于派生指标的这个特点，可以将它看作基础指标的特殊情况，所以有时候我们也把基础指标叫做1级指标，将派生指标依次叫作2级、3级、…、n级指标。

（3）衍生指标是在其他指标上做计算得到的，所以需要有明确的计算定义。

指标的具体数据从数据库中查询得到，根据数据仓库的理论，数据表设计采用事实、维度的设计模式。这种模式有两种实现方式，一种是传统的采用事实表、维度表的星型模型、雪花模型，另一种是将事实表、维度表合并的宽表模式。

从概念上说，派生指标都可以分解为基础指标，由基础指标对应维度事实表的度量值，维度事实表如果是明细数据的话，就会包含所有维度。但是，实际场景中，有些事实表没有明细数据，直接就是汇总数据，汇总数据一定是在明细数据上降维的，而派生指标也是降维后的结果。因此，派生指标也可以直接引用汇总数据的度量。指标概念模型与技术实现模型如图7-4所示。

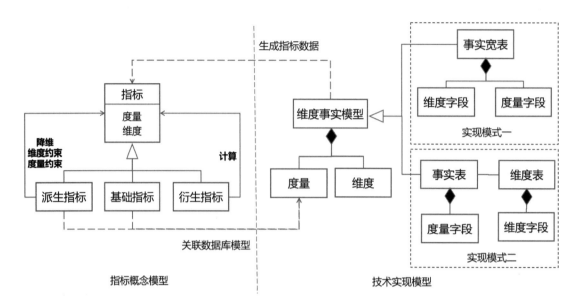

图 7-4 指标概念模型与技术实现模型

这里我们举一个例子来说明这些基本概念。有两个指标：产品的销售数量和产品的销售金额。销售数量和销售金额分别是这两个指标的度量，而它们的统计口径就是维度，可以按时间、销售区域、产品品类进行统计，每个指标都有这样三个维度。

若要实现这两个指标，就可以用一个维度事实模型来表示，这个模型中包含销售金额和销售数量两个度量值，以及时间、销售区域、产品品类三个维度。这个维度事实模型可以用宽表来实现，也可以用维度表、事实表这样的星型模型来实现。

- 派生指标：产品的销售数量和产品的销售金额都是基础指标，如果我们只想统计北京地区的产品销售数量，实际上就是在基础指标上降低了一个销售区域的维度，就产生了一个新的指标，北京区域的销售数量，我们称之为派生指标，它仅仅包含产品品类和时间两个维度。同样，还可以继续降维，统计北京地区2023年1月份的销售数量，就又产生了新的派生指标。派生的方式除了降维，还有维度的约束和度量值的约束，例如北京地区2019—2022年的产品销售数量，虽然有时间维度，但是这个维度增加了时间周期的维度约束（2019—2022年）；再如北京地区2019—2022年的销售数量大于1000的产品销售数量，大于1000 就是度量约束。

- 衍生指标：就是在指标或多个指标的基础上进行计算，例如产品销售的平均价格，就是销售金额/销售数量，通过计算公式进行计算，产生新的指标。

7.3.2　敏捷、迭代的指标实施过程

指标的实施过程需要以快速响应业务需求为导向，采用敏捷迭代模式，不断优化业务场景。敏捷、迭代的指标实施过程如图7-5所示。

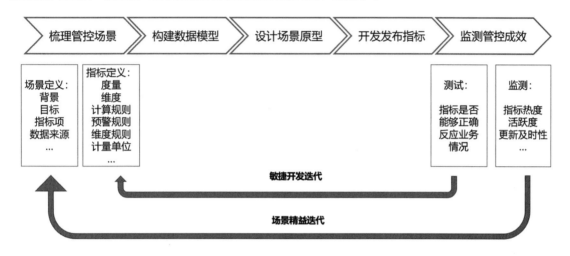

图 7-5　敏捷、迭代的指标实施过程

可以把指标实施的过程分为5个阶段：

（1）梳理管控场景：这个阶段，科技人员配合业务部门梳理指标相关的场景，明确责任部门与业务定义，确定需要管控的指标项、度量、统计口径（维度），包括指标的管理属性、业务属性。

（2）构建指标模型：这一阶段，科技人员根据指标要求，对指标进行二次建模，包括指标的拆解、取数逻辑、计算逻辑等，并通过指标模型与计算链路的业务化描述，形成指标全景图，辅助业务人员决策。同时设计数据库结构，根据数据源情况设计数据采集、清洗、加工、存储的策略等。

（3）设计场景原型：科技人员设计效果图，包括指标之间的展示逻辑与关系、数据钻取关系等。

（4）开发发布指标：根据数据模型进行技术开发，实现取数程序、ETL程序、指标展现程序，补充指标全景图的技术属性，便于未来对指标的治理。

（5）监测指标成效：包括指标正确性的测试和指标使用情况的监测。正确性测试并不是发布之前的测试，而是发布后试运行过程的测试。使用情况的监测可以帮助业务部门优化管控场景，也为指标的治理提供了依据。

下面，我们主要介绍前三个阶段，重点是在指标实施过程中，如何建立指标梳理、模型构建、指标展现的标准，规范化地进行指标开发，并形成指标全景图，加强业务与技术的沟通、协作，也为复杂指标体系下的指标治理提供元数据。

7.3.3　管控场景化，规范化指标梳理

梳理指标需求，需要有一个规范化的模式，明确指标的使用场景、业务背景、管控目标、数据需求等方面。这里我们给出一个经过梳理的、规范化的知识图谱，分为管理属性、业务属性、技术属性三个方面，其中技术属性用于指标模型的构建，前两个属性需要科技部门（科技人员）配合业务部门进行梳理。

具体内容不再一一赘述，详情参见图7-6，需要指出下面几点：

（1）管理属性的指标来源，这里分为外部监管、集团管控、经营管理和现场管控四大类，突出了外部监管的重要性。

（2）根据我们的经验，在梳理需求的时候绘制图表的示例、指定对应业务系统的表单，有利于技术人员理解指标需求，与业务达成一致。

（3）关注对象是指指标关注的业务对象，企业运营是以业务对象为单位的，例如工程项目就是一个业务对象。关注业务对象而不是业务流程有助于业务的优化。

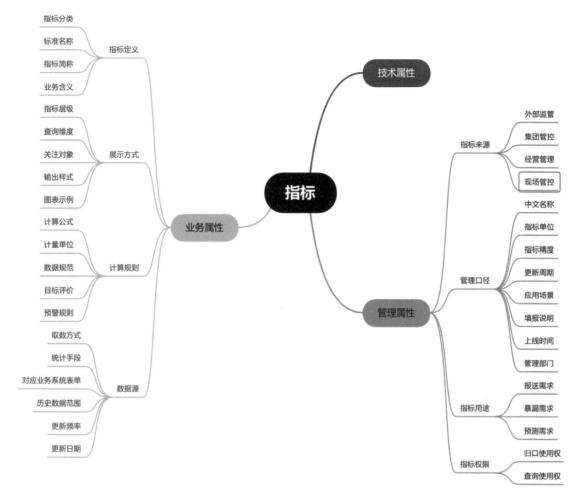

图 7-6　规范化的梳理知识图谱

7.3.4　指标全景图，可视化指标构建

这个阶段，在上述管理属性、业务属性的基础上，针对指标的实现补充了技术属性，完成指标模型的构建，并通过指标全景图的方式，可视化地呈现指标处理过程，最终更快速地实现从业务到技术的映射。

指标模型的构建，需要把指标逐步分解到基础指标，通过基础指标对应到取数的数据库表，维度限制、度量限制都可以对应到查询SQL语句的Where条件。这里就有两种情况，一种是基础指标已经存在，即基础指标表已经存在，基于表产生新的指标；另一种是基础指标不存在，需要构建新的指标表。

指标表一般按照数据仓库的设计原理，采用星型模型、雪花模型原理构建。图7-7所示就是前面产品销售指标的表结构设计。

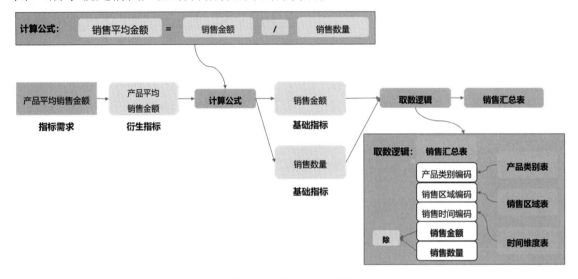

图 7-7　指标全景图

图中的销售汇总表就是事实表，包含销售金额和销售数量两个度量值；三个维度表为时间准度表、销售区域表、产品类别表，度量值的粒度按照不同类别/不同时间/不同区域进行汇总。也可以采用宽表的模式，去掉维度表，在每一条汇总信息上都加入时间、区域、类别信息。后者的优点是使用方便，单表查询即可，特别便于IT背景不强的业务人员理解与使用；缺点是存在数据冗余，重构不便。

如果基础指标不存在，就需要为基础指标按上述原则构建指标表。

确定了指标模型之后，就可以形成指标的全景图。全景图直观地展示了衍生指标、派生指标、基础指标、计算公式、维度约束、度量约束、取数逻辑、指标表、数据源表之间的血缘关系，更加便于科技人员与业务人员之间的沟通。图7-8给出了对应完整的指标技术属性，管理属性、业务属性、技术属性形成完整的指标元数据。

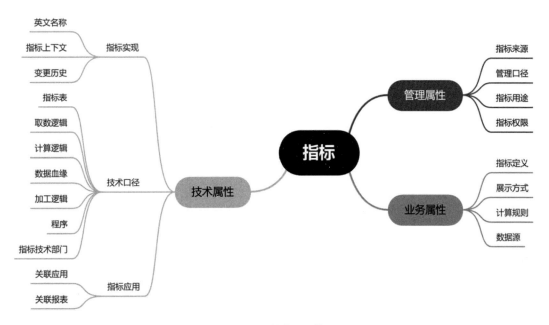

图 7-8　指标元数据

7.3.5　可视化指南，标准化原型设计

根据梳理的指标含义以及指标模型的全景图，将设计展现的原型与业务部门进行确认。

用什么样的形式展现指标，是有一定模式的，根据客户端特点和分析目的选择合适的展现方式。安德鲁·阿贝拉在《指南》（*The Guide*）中给出了思考图表类型的一个起点，把展现的目标分为组合、关系、分布、比较等几种情况，每种情况再进行分类，并提供该种分类的展现形式。斯科特·贝里纳托对《指南》中的情况又进行了总结，并著有《用图表说话：职场人士必备的高效表达工具》一书。

思考图表类型如图7-9所示。

事实上，每个图表都可以是多个展现方式的组合和变体，这个工具可以缩小我们的考虑范围。企业在具体实践中可以根据自身的情况制定相应的指南，为呈现的风格和方式提供指导。

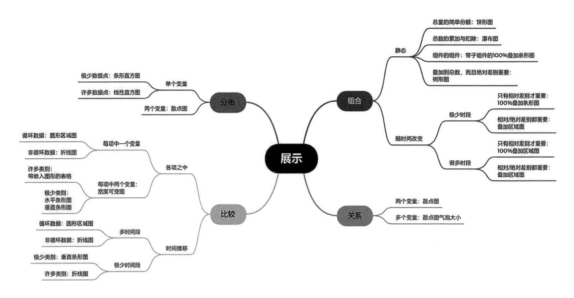

图 7-9　思考图表类型

7.4　面向复杂指标体系的指标治理

7.4.1　基于指标族谱的指标治理

企业尤其是集团企业会涉及数以万计的指标，往往会遇到如下问题：

（1）指标管理问题，存量指标基数大、应用少、质量差，增量指标登记流程被动、业务未参与、指标相似性高，指标命名不规范、依赖人工经验，指标质量不高、难以溯源，治理难度大、成效低，安全有隐患还难以排查。

（2）指标开发问题：需求量大、业务变更频繁、指标时效性差，各自加工缺少关联、重复开发。

（3）指标应用问题：存量指标应用量小，实时指标需求量大，指标服务价值偏低。

近年来，由指标错误带来业务问题频发，以银行业为例，中国银行保险监督管理委员会近期查处了一批监管标准化数据领域的违规事件，共对21家大型银行机构依法作出行政处罚决定，处罚金额合计8760万元，主要问题是漏报错报数据、部分数据交叉校核存在偏差。

面对日趋复杂的指标，企业必须建立指标治理的体系。

指标治理的第一个成果是指标族谱，将一系列指标按照指标血缘进行组织，形成以族谱形式存在的指标关系。指标族谱分为直系族谱（树形、维度关系）和旁系族谱（函数关系）。指标图谱结合上文的指标全景图，形成了指标管理的元数据，为指标治理提供了基础。指标族谱除了为存量指标的合并提供基础外，也能为增量指标的开发提供可重用的资源。指标图谱如图7-10所示。

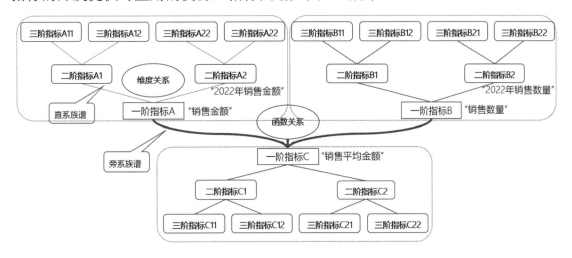

图 7-10　指标图谱

指标治理的第二个成果是指标资产库。除指标族谱的指标外，指标维度、指标规则（降维、维度约束、度量约束、计算规则）、指标数据都是可以重用的，形成指标族谱、指标规则库、指标维度库和指标数据库的指标资产体系（见图7-11），可以达到如下效果：

（1）建立统一的指标命名规范，规范化指标的业务需求的提出减少了管理难度。

（2）逐渐合并重复或类似的指标，统一数据的统计口径，提高了指标的质量。

（3）依托指标资产，实现基于可重用指标数据的轻量级开发，提高了指标研发的效率。

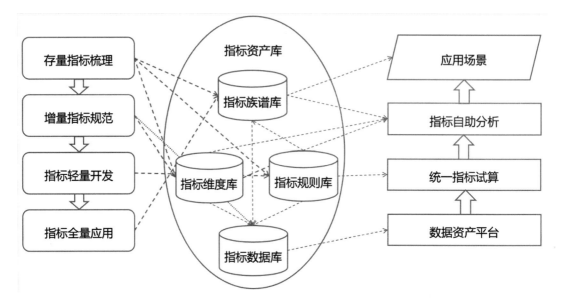

图 7-11 指标资产体系

对存量指标进行治理（见图7-12），主要有如下几个步骤：

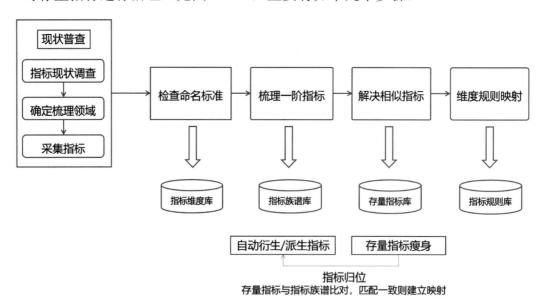

图 7-12 存量指标治理

（1）指标现状调查：对指标现状进行调查，确定梳理的领域，采集已有的指标。

（2）检查命名标准，与指标维度库进行映射。

（3）梳理基础指标（1阶指标），确定基础指标与指标数据表的关系。

（4）解决相似指标，消除同名不同义、同义不同名的现象。

（5）梳理指标规则，与指标规则库映射。

7.4.2　指标命名规范

规范指标命名是指标治理一个非常重要的工作，比如，十万规模级的指标如果没有统一的命名，就很容易陷入混乱。我们知道，在指标的概念模型中，指标分为基础指标、派生指标、衍生指标。在命名规范中，可以将衍生指标看作特殊的基础指标，那么：

- 基础指标（一阶指标）：由"一个事实+度量基础词"构成，例如：交易+金额, trade_amt。
- N阶指标：由"N个维度修饰词+事实 + 度量基础词"构成。N阶指标继承一阶指标的特性，例如：基金交易金额, fund_trade_amt。

下面给出了具体的命名规范：

（1）指标命名规范：结合指标的特性以及基础词管理规范，进行结构化处理：

- 事实词：用于描述业务场景的词汇，例如交易（trade）。
- 度量：指标词根，主要包含数量（count）、金额（amount）、比率/占比（radio）几个类型。
- 维度：包括日期维度和机构维度。
  - 日期维度：用于修饰业务发生的时间区间，例如日、周、月、季度、半年、年等。
  - 机构维度：用于修饰业务发生的所属机构，例如总行、北京分行、上海分行、广州分行等。

（2）指标英文命名规则：

- 所有指标英文单词小写，指标英文单词之间用下画线分割，可读性优先于长度。
- 禁止使用SQL关键字，如字段名与关键字冲突时，+col。
- 数量字段后缀_cnt标识，金额字段后缀_price标识。
- 日期分区使用字段 dt，格式统一为yyyymmdd或yyyy-mm-dd，小时分区使用字段hh（范围00～23），分钟分区使用字段mi（范围00～59）。

7.4.3　相似指标归并

指标治理一个重要目的就是归并相似指标，解决同名不同义、同义不同名、同义不同数指标重复的问题。

从业务角度看，指标是生产数据通过运算得出的结果。从技术角度看，指标是把数据汇聚起来，通过运算加工得出的数值。分析存量的类似指标，主要从技术角度考虑指标的如下特征：

（1）相同的指标数据采集范围，即两个指标都从相同的数据库表中采集数据来进行加工。

（2）相同的指标加工度量，即两个指标都是一样的度量，比如金额、比率等。

（3）相同的指标加工维度，即两个指标拥有相同的维度，比如时间、机构、业务分类等。

（4）相同的指标结果，即指标结果值相同，或者结果之间具备勾稽关系。

归并相似指标，不仅要将两个一摸一样的指标归并在一起，解决同义不同名问题，而且还需要统一统计口径，统一指标的数据源。例如两个指标相似度比较高，但是来源于不同的指标表，或者度量类似但维度具备包含关系，或者维度一致但度量不同，就可以考虑是否合并指标表。

采用相似度算法，就是根据指标特征智能发现相似指标，可以提高指标的自动化、智能化程度，降低治理成本，加强指标开发期间的管控。

　　我们曾经在某集团企业发现，由于其指标开发历史很长，又缺少统一规划，因此指标归口不集中，共有超过10万个指标项分布在16个指标加工平台（系统）中，冗余严重，新指标开发效率低，牵一发而动全身，经常出现指标间交叉校核的偏差。同时增量指标又带来新的指标数据表增加、指标数据增加，导致大数据平台不堪重负。该企业面临指标梳理工作量巨大、缺少业务部门配合的多重挑战。最终，该企业通过智能化治理，在治理初期用5人、3个月时间来制定规范，建立指标族谱框架和指标资产库，并梳理指标3000余个。在此基础上，又用5人、3个月时间完成了30000个指标的梳理。

第 3 篇

实践篇

第 8 章

数字空间理想架构及实践思路

8.1　基于成熟技术的完整体系

数字空间的整体建设策略是，从企业的实际情况出发，打造企业"数字空间"体系，构筑"一库（全局数据库）、一平台（数据资源平台）、一中心（智慧运营中心）"的总体数字化支撑体系架构，支撑数字化时代下企业持续的应用需求与数据需求。

在第4章，我们给出了数字空间的体系结构，本章我们给出其细化的实践参考架构，如图8-1所示。

- 全局数据库：打造面向全企业的统一数据资源池，支持结构化、非结构化、半结构化数据的存储与安全防护，提供统一的数据开发、存储、访问规范，为所有的数字化应用、专业系统、物联传感系统提供数据存储与安全管控支撑，让企业的各类数据资源可以安全、有序、规范地沉淀与利用。

- 数据资源平台：围绕着"集、联、治、用"四大领域，打造企业级数字化支撑平台，对上支撑企业级数字应用的孵化，对下完成企业级全域数据的沉淀与利用。

  - 采集支撑：覆盖数据交换、服务集成、数据上报、物联采集四个方面，充分考虑到企业级数据采集融合的各种应用场景，做到"全通道"的覆盖。

  - 联接支撑：支持企业级数据领域全视角建模能力，包括指标、关系、标签、知识、BIM模型的建模能力。同时，通过联接支撑能够帮助企业建立指标与数据、数据与数据、标签与数据、知识与数据、BIM与数据之间的勾连关系，从而形成一张面向全企业的"数据关系网络"，为企业开发数据追溯、数据探索、主题分析、知识推荐、孪生展现等专项数字化应用奠定基础。

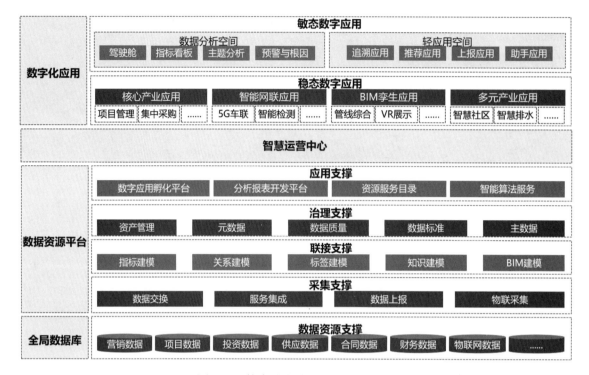

图 8-1 数字空间体系整体架构图

- ◆ 治理支撑：提供资产管理、主数据管理、元数据管理、数据质量管理、数据标准管理的能力，真正从企业级数据资产的角度对所有数据资源进行盘点与质量提升，最终形成数据"找得到、盘得清、管得住、能治理、能服务"的闭环式数据资产管理。

- ◆ 服务支撑：建立统一的数据应用服务体系，覆盖分析开发服务、资源目录服务、智能算法服务等维度，具备敏捷化应用孵化、灵活的数据分析与服务开放能力，能够支撑企业全场景的数据应用需求落地。

- ■ 智慧运营中心：打造高规格、体系化、集团级的运营管控中心，实现管理的透明化、决策的科学化，真正发挥数据要素的价值。

- ■ 数字化应用：打造企业数字化应用，覆盖稳态数字应用、敏态数字应用两个领域的应用。

  - ◆ 稳态数字应用：具备业务的专业化、闭环化的特点，服务于某个专业领域或业务部门，如财务管理、项目管理、采购管理等专属业务系统，该类型的系统能够使用数字空间提供的能力进行业务协同、数据沉淀与能力服务。

◆　敏态数字应用：具备业务的敏捷化、轻量化的特点，面向企业的员工、业务部门、上下游生态提供专属的数字应用，如知识快查、质量巡检、货源推荐、指标预警、根因分析等。此类应用的业务孵化快速、需求针性对强、交互方式灵活，具备较好开放式服务能力，对提升整个数字应用的友好性、适用性、推广性具备积极的意义。

8.2　基于总体规划的逐步实践

企业"数字空间"体系建设是一个复杂且长期的综合性项目，包括了规划设计、体系搭建、试点验证、逐步推广、迭代完善等多个环节，因此需要建立合理的推进策略与制度保障。数字空间逐步推进路径如图8-2所示。

图 8-2　数字空间逐步推进路径

■　规划设计：展开企业数字空间的顶层规划设计，充分梳理企业信息化现状与业务口径数字化需求，确定战略目标与差距，定制适合企业长期发展的"数字化发展战略规划"与"数字空间设计规划"。

■　体系搭建：根据顶层设计思路，搭建企业数字空间体系，覆盖智慧运营中心、数据资源平台、全局数据库。

- 试点验证：选取基础条件较好的业务领域进行试点应用，可覆盖交换、融合、治理、分析、服务、智能辅助等内容，从而验证体系的技术能力、标准规范和管理模式。

- 逐步推广：试点验证结束后，根据企业数字化转型的发展进程在相关领域进行数字空间的深入推广，可以采用"先内控后业务、先主业后产业、先集团后各级、先自身后生态"的推广路径，从而逐步稳妥地完成整个企业的数字化提升。

- 持续完善：在试点应用与逐步推广中，可以对"数字空间"的各部分不断进行修正与完善，使得整个体系可以不断地适应企业的业务转型与数字化需求的发展，将"数字空间"打造为真正的"柔性平台"，从而可以持续长久地支撑企业数字化战略目标的实现。

第 **9** 章

基于数据空间的建筑全产业数字中台 ◄◄◄◄

实践要点：第8章中的数字空间参考架构只是一种逻辑关系的表述，对于实际的数字空间体系建设来说，需要在逻辑层级和构成关系上根据企业的实际情况灵活变通。在本章案例中，读者可以发现，数字空间的建设着重于全局数据库和数据资源平台（即数据中台）的建设，以业务中台支撑上层的数字化应用。

按照国务院国资委印发的《关于加快推进国有企业数字化转型工作的通知》某省人民政府发布的《某省促进建筑业高质量发展的若干措施》和公司"十四五"发展规划要求，借助"大云物移智"等先进信息技术，打造公司基于数据空间构建的建筑全产业数字中台（以下简称数字中台），汇聚公司各业务板块细分业务领域数据，推动数据资源共享，实现数据融通，实现"一屏总览"集团经营情况，"一键调取"各项指标数据，提供可视化、多维度、全口径、实时性的决策辅助支撑，满足建造精细、可塑和可控的管理需要，实现"以信息智能化建设推动企业转型升级，以企业转型升级加快企业能力的提升"的愿景，为公司提升综合竞争能力、助力公司变革和实现数字化转型升级提供信息化支撑。

9.1 健全数字体系

2020年8月，国务院国资委正式印发《关于加快推进国有企业数字化转型工作的通知》（以下简称《通知》），明确指出打造建筑类企业数字化转型示范的思路，对于打造建筑类企业示范样板，提出重点工作是开展建筑信息模型、三维数字化协同设计、人工智能等集成应用，促进数字化技术与建造全业务链的深度融合。

按照《通知》要求，结合公司"十四五规划"，围绕"数字建造、流程优化、协调创新、智慧运营"发展主题，以数字化技术创新为手段，以平台化的信息化建设为理念，建设一体化数字中台，实现以下目标：

（1）加强集团内部、所属单位系统间的协同融合、数据间的互联互通，建设"规范统一、协同高效、共享畅通"的一体化应用环境，推动企业数字化转型升级。

（2）深化系统融合，围绕数据的全生命周期管理，整合公司经营数据，为运营管控提供智能辅助，逐步提升管控能力。

某建工集团率先在省直开展数字中台体系建设。整个项目按照"系统布局、统筹推进；需求导向、先进实用；数据驱动、开放共享；强化管理、保障安全"的原则，搭建"一门户两大屏两中台"框架，编制1套数据标准，形成150项指标体系、20类数据模型，建成投资管理、营销管理、合同管理、施工管理等业务领域30个应用场景，逐步实现基于数据的辅助决策，推动公司数字化转型。

本项目数字中台总体架构如图9-1所示。

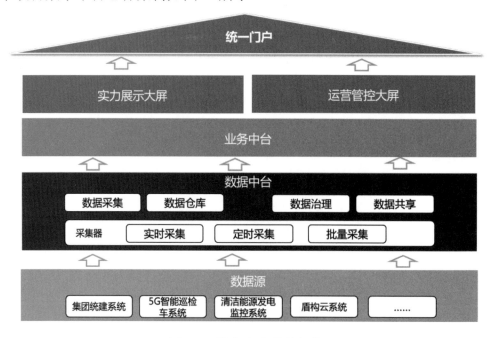

图 9-1 数字中台总体架构

（1）搭建集团一体化统一门户，实现一次登录、全网漫游，核心事项都能在协同门户中进行集中审批（PC端和移动端同步实现），提高办公效率。

（2）搭建实力展示和运营管控两类大屏。实力展示大屏集中展示企业发展历程、经营规模、财务状况、员工构成、成果与荣誉、重点项目情况等，提供展示集团实力的窗口，全面提升企业形象；运营管控大屏实现"一屏总览"集团经营情况，"一键调取"各项指标数据，提供可视化、实时性的决策支持平台，为领导决策提供辅助，全面提升企业综合管理能力。

（3）各业务系统借助数据中台提供的数据服务能力，进行业务的初步融合，实现了核心数据一数一源，避免核心数据重复录入、非标准化录入等问题，减轻了一线人员数据重复上报的负担。

（4）构建数据空间，汇聚各业务板块细分业务领域数据，覆盖原材料供应、规划勘察设计、施工监理咨询、检验检测和运维等工程项目全价值链的多维度数据，初步形成全局数据库。基于全局数据库，构建数据共享交换通道，实现核心数据实时、准确地进行交换，同时为企业的决策分析提供全口径、多维度的数据支撑。

9.2　建立指标体系

指标体系是企业统一前后台语言、实施数据管控、确保数据质量的基础，也是指导规范信息系统建设、提升支撑能力的基础。科学、完善的指标体系是实施数据管理及数据决策分析的依据。指标体系的建设聚焦主营流程，依照建筑行业统一的分类方法设计指标架构，全面反映公司的运营状况，并确保基础架构的相对稳定和指标定义的清晰。

指标体系架构的稳定直接关系到数据的质量，本项目中的指标体系依据"全局规划，统一体系，分步实施"的原则，循序渐进、不求全、不求快，重点面向实际业务应用，逐步覆盖财务状况、经营质量、人员构成、项目情况、电子采购等业务领域，确保指标体系的落地，提高数据质量。

本项目中的指标梳理采用"自顶向下"与"自底向上"相结合的方法进行指

标体系描述，明确了相关指标及维度定义，规范了指标体系的维护管理流程并对指标体系支撑提出具体要求，覆盖财务状况、经营质量、人员构成、项目情况、电子采购等业务领域，形成150项指标体系，为数据分析提供一个准确、详细、可操作的指标体系说明。指标体系建设如图9-2所示。

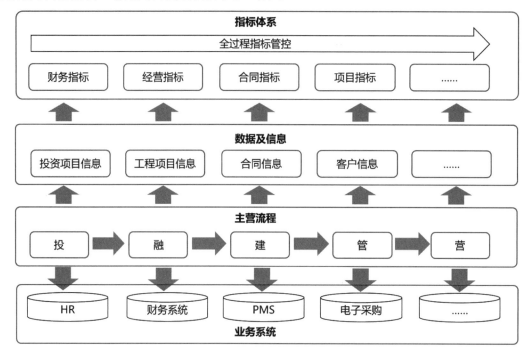

图 9-2 指标体系建设

"自顶向下"指的是站在全企业的高度看企业各个业务领域和全业务过程，自顶向下进行演绎使得指标更加体系化。"自底向上"是指基于现有实际业务应用和业务理解，自底向上进行归纳。

本项目中的指标梳理正是依据"自顶向下"的方法，立足站在满足企业运营管控的高度建立指标体系的整体框架，覆盖财务状况、经营质量、人员构成、项目情况、电子采购等业务领域。同时，结合现有IT系统中的指标和数据等信息，对目前企业运营、管理过程中所涉及的数据指标进行细致梳理，明确指标解释、统一指标口径、进行合理拆解，并依据"自底向上"的方法进行合理归类。通过两种方法的结合，将数据指标都归并指标体系框架之下，形成满足企业运营管控要求的层级结构。

指标定义框架如图9-3所示。

指标属性	简要说明	指标样例
指标名称	指标的中文名称	资产总额
指标分类	指标所属类别	财务类
指标业务含义	指标的业务含义	不同时间、类别、组织的总资产的构成
指标维度	指标的分析维度	时间、业务版本、地域分布、组织
指标统计口径	指标的统计口径	所有资产总额
指标计算公式	指标的计算公式	不同结构、类别的资产总额之和
指标数据单位	指标数据单位	元
指标责任部门	指标设置与维护的管理部门	财务部
指标适用范围	指标的适用范围	通用
指标出处	说明指标来源的系统或报表	财务系统

（左侧竖排文字：指标定义框架）

图 9-3　指标定义框架

9.3　形成数智决策

围绕运营管控体系，实现"一屏总览"集团经营情况、"一键调取"各项指标数据。提供可视化、实时性的决策支持平台，涵盖建筑业、建筑关联产业、清洁能源、医疗健康养老等各业务板块细分业务领域，为领导决策提供辅助，全面提升企业综合管理能力，逐步实现由基于经验的决策转变为基于数据的决策。

聚焦工程项目目标管理，实现工程项目画像。围绕项目基本信息、项目进度信息、项目质量信息、项目安全信息，构建工程项目较为完整的画像，并基于工程项目数据打标签。

聚焦投资项目管理，实现投资项目画像。围绕投资项目基本信息、计划总投资信息、投资股权结构信息、投资项目建设情况、投资项目运营情况构建投资项目较为完整的画像。

基于序列的方法，构建工程项目信息相似情况预警算法模型。结合工程项目名称、建设地点等信息，自动发现相似的工程项目信息，减轻人工分析判断工作量，有效提高工程项目信息分析效率。

通过流式数据采集技术，采集盾构机作业情况（转速、推进压力、推进速度、总推进力）、清洁能源场站发电情况，实现准实时数据监控，为集团及时掌握所属单位运营情况提供数据支撑。

9.4 创造核心优势

依托数据中台和数据空间技术，完成集团统建系统以及二级单位的数据整合，初步形成全局数据库。在集团统建系统数据整合方面，对接财务、电子采购等系统，采集各业务板块细分业务领域数据。数据整合技术如图9-4所示。

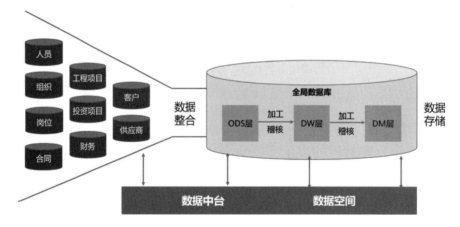

图 9-4 数据整合技术

依托流式数据采集技术，完成盾构机作业情况、清洁能源场站发电情况等数据采集，实现准实时数据监控。创新采用流式数据实时采集技术，对接"清洁能源发电监控系统"，实时采集各清洁能源场站发电量数据，并实时同步至集团数字中台，为集团及时掌握所属单位运营情况提供数据支撑。

依托"自顶向下"和"自底向上"相结合的指标体系构建方法，完成指标体系建设。"自顶向下"指的是站在全企业的高度看各个业务领域和全业务过程，自顶向下进行演绎使得指标更加体系化；"自底向上"是指基于现有实际业务应用和业务理解，自底向上进行归纳。指标体系构建方法如图9-5所示。

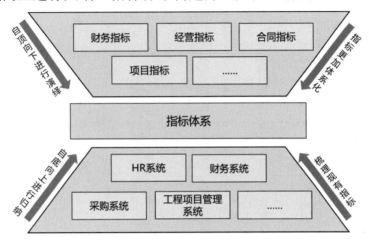

图 9-5　指标体系构建方法

基于序列的方法，构建工程项目信息相似情况预警算法模型。结合工程项目名称、建设地点等信息，自动发现相似的工程项目信息，减轻人工分析判断工作量，有效提高工程项目信息分析效率。工程项目信息相似情况算法模型构建过程如图9-6所示。

图 9-6　工程项目信息相似情况算法模型构建过程

基于多维模型构建数据立方体。从业务板块、组织（集团、所属单位、项目部）、时间（年、半年、季、月）等维度，构建数据指标的多维数据模型，支撑多种场景的数据应用分析。多维数据模型如图9-7所示。

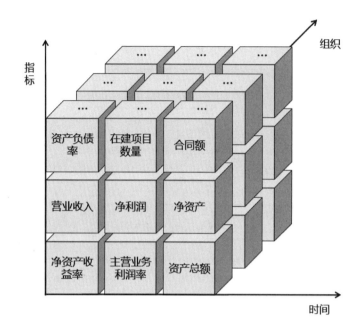

图 9-7 多维数据模型

9.5 夯实数字底座

在社会效益上，本项目的实施有利于促进云计算、物联网、大数据等技术与数字建造业务深度融合，加快推动传统建造管理模式向数字建造管理模式方向转变，推动互联网和实体经济融合，支撑构建数字化建造体系，形成产业发展新动能。即本项目将有力推进数字建造创新发展，实现覆盖规划、勘察、设计、投资、施工、监理、科研、检测、装备构件、运营管理等建筑业全产业链综合能力，加速产业融合、深化社会分工、促进产业跨界和协同发展。

在经济效益上，本项目的实施为集团内部、所属单位之间搭建高效的数字中台，提升了内部协同能力、工程全过程的履约能力、市场经营拓展能力、科技创新能力、安全生产管控能力、风险防控能力等六大能力，提高了公司从投资、营销、设计、采购、生产施工、监理、运营等多个环节的对接效率，降低经营和交易成本，实现高效率管控。

在以数字中台为底座的数字化转型体系助力下，公司营业收入及净利润增长率预计均超过10%，数字化转型带来的营业收入比例明显提高。

9.6　中台牵引创新

本项目的实施，从多个方面发挥了中台牵引创新的作用：

（1）在省直国企中率先启动数字中台建设，通过大数据技术构建数字化中台，实现投资、营销、设计、采购、生产施工、监理、运营等数据统一采集、集中汇聚，实现跨单位、跨部门数据共享共用。

（2）创新提出"贯穿建筑全产业链的数据空间"。在数据空间的构建过程中，充分利用"大云物移智"等先进信息技术，汇聚各业务板块细分业务领域数据，横向汇聚建筑业投资建设施工和科研技术服务、国家储备林投资建设、房地产开发及相关产业，以及风力、太阳能、水力等清洁能源及其装备制造，综合医院、医药医疗器材经营、养护服务及护理服务等；纵向汇聚原材料供应、规划勘察设计、施工监理咨询、检验检测和运维等工程项目全价值链的数据，为打通全产业链数据和服务探索了可行方案，为实现多种业态数据互联互通、共享互济奠定了坚实基础。

（3）创新构建了"集团侧－所属单位侧－项目部侧"的大型集团运营管控体系。充分利用"大云物移智"等先进信息技术，集团侧实现统建系统数据自动集成，支撑业务即时处理和管控数据汇聚；所属单位侧实现集团管控数据的自动推送对接，以及盾构机作业、清洁能源发电等实时数据的自动推送，支撑集团实现基于数据的一体化管控；项目部侧实现项目现场数据"应接尽接"，在有效支撑项目现场施工活动中，实现"一处填报，共享共用"，提升数据的有效性，为集团一体化运营管控提供了可信、可靠的基础数据。

（4）创新采用流式数据实时采集技术，应用于"清洁能源发电监控系统"数据对接，实时采集各清洁能源场站发电量数据，并实时同步至集团数字中台，计算实时发电量、日发电量、月发电量、季发电量、年发电量，为集团及时掌握所属单位运营情况提供数据支撑。

第 **10** 章

面向全集团的BIM服务中心

实践要点：正如第8章中所阐述的，数字空间的建设过程是总体规划和逐步推进的。在大的逻辑架构确定的情况下，是从纵向打穿各个层级，依次建设（如第9章我们所看到的），还是从某一维度形成横向贯穿（如本章案例所示），是一个企业战略的选择问题。鉴于BIM是建筑业最为核心的数据资源之一，以它为锚点展开对数字化应用的上下游的探索，也不失为一种实践数字空间的思路。

2020年10月29日，某建工集团BIM中心成立。BIM中心咨询团队现有56人，其中博士3人、硕士14人，教授级高级工程师2人、高级工程师7人、中级职称14人，国务院政府特殊津贴专家1人，荣获"全国五一劳动奖章"1人，BIM专家6人，荣获"某省技术能手"称号8人。

BIM中心自成立以来，一直注重市场开拓及自身竞争力的提升。实施的项目在业界获得良好的口碑，积极参与各种申报工作，如某省BIM大赛、中国建设工程BIM大赛、某省土木建筑协会科学技术奖等。此外，还积极参与编制相关行业标准，参与制订某新区推进BIM CIM应用技术规划以及某省BIM技术应用状况调研等工作。

10.1　广泛拓展领域

BIM中心作为集团推动信息化、数字化、智能化建设的重要抓手，以及全集团BIM技术人才培育中心，一直在积极开展BIM技术应用实践和创新发展。BIM中心的主要工作包括：全过程BIM应用咨询、智慧工地软硬件集成服务、BIM技术应用培训及VR体验、数字媒体设计、CIM研究、智慧城市研究、幕墙专业深化设计、基于BIM的科研及标准编制等。

1. 全过程BIM应用咨询

在不同的阶段，BIM中心可以提供：辅助项目评估、方案把控；正向设计辅助、设计查错、管线综合、BIM绿色建筑分析；现场技术管理、施工招投标服务、BIM施工图应用体系服务、施工模拟，以及BIM竣工模型、后期运用等。

2. 基于BIM的可视化应用

利用BIM的三维技术，中心可以提供能耗模拟、管廊碰撞检查、施工方案模拟、方案比选、技术交底，提供3D模拟演示动画、整体漫游、BIM三维体感交互、VR虚拟展示、基于BIM模型的效果图渲染、宣传视频，增加项目参与各方真实感和体验感。

3. 课题攻关和标准指南编制

中心积极参与省市各级建设标准和规划的编制，相关标准和指南包括：某省标准《建筑信息模型（BIM）交付标准》《加快推进某省建筑信息模型（BIM）技术应用研究》《某省代建项目管理BIM技术实施指南》，以及基于BIM公建建筑数字孪生运维管理模式研究等。

4. BIM应用培训

重视赋能，不仅授人以鱼，更授人以渔。中心提供的相关培训包括：基础软件操作、智能建造以及全过程BIM应用等标准化和定制化BIM培训，基于BIM技术的VR体验式安全培训等。中心与各参与方开展技术交流和合作，整合BIM联盟优质资源、授权培训考点、开展BIM技术应用培训、颁发证书。

5. 幕墙设计和数字媒体技术应用

中心积极开展设计和应用实践，提供包括幕墙方案招标图设计、幕墙专业深化设计、BIM模型出二维加工图、基于BIM模型下单、基于BIM模型点位输出、基于BIM模型现场指导安装等；除此以外，中心还提供数字多媒体展示、施工工艺模拟制作、成果申报宣传片制作、投标动画制作等相关业务,服务于政府行业管理部门、项目建设单位、建设领域大型施工企业等,为客户提供从策划到执行全过程的数字化展示解决方案。

10.2　立足提质显效

由某建工集团主导,集结多年软件工程开发经验,得到业内全资专家全程指导,国内优秀企业全资支持项目落地实践,BIM中心打造了BIM信息管理平台。该平台拥有包括应用BIM技术开展模型设备所需的无人机、平板电脑、计算机软硬件设备等BIM专项设备,成为集团做出智慧决策的数字化升级利器。

由集团主导,通过CIM、三维动画、VR虚拟现实等创新互动技术,中心建立了具备独创性的三维电子沙盘平台。利用平板电脑扫描实体建工集团LOGO,即可打开项目数字沙盘,随扫随看,给用户一站式全面立体的展示体验,营造专业非凡的体验环境。通过三维数字沙盘,充分利用BIM模型,展示项目模型与空间结合后的效果,整合项目过程中形成的组织工程资产,如工艺视频、文档、图片等资料,将数字沙盘打造成项目管理中对内可交底、对外可展示的宣传窗口。

10.3　BIM贯穿全程

基于行业优势与领域经验,BIM中心最大化发挥BIM的应用价值,在建筑的不同阶段进行BIM的深入应用。

1. 设计阶段

在设计阶段,实施设计方案比选(包括方案设计模型搭建),针对方案合理性、设计规范性、设计功能等方面进行可建性核查;进行GIS+BIM项目建设条件分析,包括应用GIS+BIM进行建筑设计、环境模拟,模拟冬季供暖时管线热能传导路线,检测热能对附近管线的影响等;进行建筑性能模拟分析,包括针对建筑物周围的声、光、日照、风、空间等进行可行性分析，进行灾害疏散演练模拟，辅助项目完成设计阶段性能分析；探索正向设计制图，自主研发各类插件，包括正向设计、翻模、出图、图模一致校审、图纸处理等方面的研发，解决BIM应用遇到的实际问题；实施净空分析，对地下车库、机房等有净高要求的空间做专项分析，确保满足项目净高要求及相关规范要求；实现仿真漫游模拟，针对交通分析、防洪排水分析、海绵城市分析等，基于BIM技术开展仿真漫游模拟；实现辅助图纸输出，利用初设模型进行专业综合、碰撞检测应用，优化设计图纸，提交初步设计阶段BIM应用成果。

其中的亮点应用包括：

- 专业模型搭建，还包括根据设计图纸及建模标准创建各专业BIM三维模型（建筑/结构/机电/钢构），并进行集成，进行碰撞检测及后续深入应用，模型精度达到LOD350，重要区域如机房达到LOD400。

- 探索绿建分析，用Revit模型导入绿建软件进行绿建分析。

- 完成图纸问题审查，编制《模型检查问题汇总》报告文件，规定问题编号、位置、命名、重要程度的填写方式。

- 进行碰撞检查分析，快速找到各类直观难以发现的碰撞点，消除各类软硬碰撞、减少各类错误和返工的可能性，辅助机电管线综合排布。

- 实施净高分析，根据BIM管线深化设计结果以及业主净高要求对各区域进行分析，通过净高分析更加形象、直观、准确地表现出各个区域净高，提前发现不满足净高要求、功能和美观需求的部位，同时和设计单位沟通并进行相应的调整，减少后期变更，缩短工期，节约成本。

- 进行机电深化设计，根据管线安装相关规范、管线布置主要原则和净高控制度要求，对室内外管线进行综合排布。

- 深化设计出图，通过管线综合排布后，快速导出可用于指导现场施工的管线综合平面图以及关键节点剖面图。

2. 施工阶段

在施工阶段，基于BIM实现施工图纸深化，建立施工图模型及设计问题检查，深化设计核查，实现净高分析及优化、管线综合及出图、预埋孔洞分析校验及出图；实施辅助设备材料统计，以三维立体化、参数化BIM模型准确生成加工编号及工料表；实现施工方案工艺可视化交底，对施工图进行BIM模型碰撞检查优化，优化管线路径和碰撞问题，避免施工返工现象，从而节约成本；探索4D\5D施工现场动态管控。复核设计图纸，拟和检验PC构件，提高PC构件的生成和施工效率；指导现场预留预埋孔洞，提前做好视点保存和问题记录，会议时能够直观反映问题，节省大量时间，极大提高沟通效率；建设智慧工地。对工程项目进行精确设计和施工模拟，围绕施工过程管理，建立互联协同、智能生产、科学管理的施工项目信息化生态圈。

其中的亮点应用包括：

- 三维场布，以无人机航拍与勘察图纸相结合的方式合理规划项目的场地平面布置。

- 施工工序模拟，通过BIM技术对重要施工部位进行建模，依据专项施工方案制作工序模拟动画，以动画的方式将施工参数以及注意事项直观展现出来。

- 关键工艺模拟，结合项目技术负责人编制的详细施工方案，BIM人员进行关键工序动画模拟，加强相关管理人员对地下连续墙、基坑开挖施工安全及质量要求的认识，明确施工控制要点。

- 通过砌体排砖，快速地对砌体墙进行排版，做到整砖最大化，非标砖种类最小化，并通过软件自动输出报表，辅助定点定量运输，提升砌筑的效率和质量。

- 通过会签的形式，对各自专业需要预留的孔洞进行确认，并同时对各专业之间的孔洞排布进行深化，保证各专业管线、设备既能合理安装、满足功能，又能减少专业之间的碰撞，保障施工质量。

- 幕墙节点深化，根据节点大样图进行施工深化，提前发现问题并反馈至设计进行修改，最终在节点深化的基础上输出二维图纸及三维效果图，用于后期施工技术交底，提高施工效率和质量。

- 钢筋复杂节点深化，在主次梁交汇处结合BIM可视化进行节点深化，调整节点钢筋无碰撞，方便钢筋绑扎后的混凝土浇筑和振捣工作，保障现场施工可操作性。

- 针对现场总体施工进度进行无人机航拍，拍摄每个时段、工区现场的施工进度，因为无人机与智慧工地平台进行了绑定，所以可在平台中进行查阅，无人机相当于一个移动摄像头，可辅助项目进行总平面布置和工作面协调，提高工作面管理效率。

- 实施BIM+智慧工地平台应用，形成人、材、机以及进度等多维度的图表分析，数据可支撑项目例会使用。

- 通过BIM电子沙盘720°（水平360°＋垂直360°）形象展示项目和周边整体效果，对空中花园、标准层、大堂、地下室等重点部位进行精装修展示，并将BIM三维交底视频载入系统进行项目工艺亮点展示。

3. 运维阶段

在运维阶段，BIM内容应用包括：设施管理，实施设施装修、空间规划和维护操作；空间管理，在照明、消防等各系统和设备空间定位领域，实现设施可视化，使设施直观形象且方便查找；隐蔽工程管理，管理复杂的地下管网，如污水管、排水管、网线、电线及相关管井等隐蔽管线信息，避免安全隐患，并可在模型中直接获得相对位置关系；应急管理，通过BIM技术的运维管理对公共、大型和高层建筑中突发事件进行管理，包括预防、警报，以BIM+GIS等的集成应用扩大安全管理范围；系统管理，通过安装具有传感功能的电表、水表、煤气表，不仅可以实现建筑能耗数据的实时采集、传输、初步分析、定时定点上传，还可以实现室内温湿度的远程监测，分析房间内的实时浊湿度变化，配合节能运行管理。

相关的亮点应用包括：

- 设备管理，创建医院项目的设备精细化模型，建立设备台账与BIM的关联；通过终端设备、二维码、RFID实现准确定位；通过手机端进行跟踪管理，信息可追溯；通过扫码定位、快速发起报修请求并提供现场照片；对报修工单的空间、类型等进行进一步分析，利用BIM查看用能回路的服务范围、消耗量、环比变化等。

- 隐蔽工程管理，通过BIM模型快速定位设备，基于大数据精准掌握医院能耗情况，挖掘能耗异常；关注医闹人员、医药代表、重点关注的医院区域；通过BIM运维平台实现自动报警，制定预案录入BIM系统；发生事故时，可发出预警、启用预案并通知管理中心进行处理。

- 空间管理，对医院各房间使用情况、室内环境（温湿度）、报修情况进行管理，最大化利用医院空间和设施；根据院区、楼号、科室类型等区域、功能，查询科室位置、占用空间，以及医疗、诊治设施布置；自动生成空间、区域面积信息；三维可视化实现空间最优布置，以合理使用空间。

- 应急管理，利用BIM、灾害模拟分析，模拟医院建筑可能遇到的灾害，如火灾、气体泄漏、生化实验室事故、传染疾病发生、不良事件等。通过多方案模拟比较，制定最佳应急预案、应急疏散和救援方案等；通过监控调用、BIM可视化与预警事故发生，显示疏散路径，评估应急方案，提高医院的应急管理和弹性管理水平。

- 系统管理，快速了解医院统计数据，如年门诊量、当日门诊量、手术量、床位占比等；获取就诊人数、患者信息、就诊时间等；查询科室住院人员信息、出入院数据、药品使用情况；动态监测易用气体、污水处理流量、流速、压力等。

10.4 进步源于实践

BIM中心依托强大的BIM应用能力，脚踏实地，在实际项目中不断提升应用效率。相关的典型实践包括以下项目。

1. 某文化中心项目

本项目的主要应用点包括：智能监控、生产管理、技术管理、质量管理、安全管理、劳务分析、图纸问题梳理、管线综合优化、预留洞口定位报告、工程量统计、施工工艺模拟、方案比选与优化。

2. 某港航总部经济大楼项目

本项目的主要应用点包括：智能监控、生产管理、技术管理、质量管理、安全管理、劳务分析、图纸问题梳理、管线综合优化、预留洞口定位报告、工程量统计、施工工艺模拟、方案比选与优化。

3. 某车辆段项目

本项目的主要应用点包括：图纸审查、管线综合、算量及资源管理、系统展示模拟、技术交底、方案比选、限界审查、场地布置、工期纠偏、运营模拟。

本项目的核心应用价值是：查出图纸错漏1856处，优化315处管线排布；快速、准确地获得工程量，支持限额领料，过程管控降低损耗；可视化展现，提升沟通及会议效率，减少返工；模板使用率提升70%，减少了模板数量及种类。

4. 某轨道交通车辆段项目

本项目的十大应用点包括：图纸审查、管线综合、算量及资源管理、智慧工地、技术交底、方案比选、限界审查、深化设计、工期纠偏、项目管理平台。

本项目的核心应用价值包括：机电图纸深化设计；快速、准确获得工程量，支持限额领料，过程管控降低损耗；可视化展现，提升沟通及会议效率，减少返工；基于BIM项目管理平台，提高了项目精细化程度。

5. 某一级公路地下综合管廊项目

本项目的价值包括：通过BIM技术直接减少图纸错误、物理碰撞、现场返工等问题，并协同设计监理对存在问题的部位重新制定方案，优化结构、管线的尺寸和位置；在本项目的BIM应用中发现碰撞点约500处，提升项目精细化管理水平，减少可能导致的经济损失，创造了间接经济效益；信息化协同平台运用，减少二次运输、二次加工，实现精细化管理，提高效率，避免项目质量问题的产生。

本项目的主要应用点包括：一套标准、模型创建、图纸审查、碰撞检测、工程量统计、项目漫游、空洞预留、三维交底、装配式应用、宣传视频制作。

6. 某气象塔建设工程项目

本项目的应用点包括：分析自然采光效果、设计可视化幕墙灯、虚拟场布、施工工艺模拟、工程量统计、幕墙方案设计、幕墙深化设计、幕墙加工对接、点位指导施工。

本项目的核心应用价值包括：搭建大铝合金装饰条系统和聚碳酸酯板系统，幕墙方案设计，基于BIM模型参数化材料下单，以及对安装过程进行渲染模拟。

7. 某体育馆幕墙项目

本项目的主要应用点：分析自然采光效果、设计可视化幕墙灯、虚拟场布、施工工艺模拟、工程量统计、幕墙方案设计、幕墙深化设计、幕墙加工对接、点位指导施工。

第 **11** 章

装配式构件智能生产

实践要点：在第3章，我们引入了MBD（基于模型的定义）的概念，BIM是对MBD的引申和应用，如上一章的集团BIM中心所阐述的案例。而装配式建筑的核心是"集成"，BIM技术是"集成"的手段，将设计、生产、施工、装修和管理的全过程串联起来，服务于装配式建筑的整个生命周期。本章实践所阐述的，是在BIM加持之下，如何通过对制约构件生产效率的因素、生产连续性、可靠性和构件生产工艺的分析，研发满足不同构件生产的系统，以解决国内PC构件生产工厂生产线使用率不高、自动化流水线方式生产构件种类单一、节拍时间无法保证、生产连续性差等问题。

进入21世纪以来，我国经济飞速发展，建筑行业作为国家的支柱产业也经历了跨越式的发展，积极推动建造方式创新，促进建筑产业转型升级。2016年，国务院办公厅发布了《关于大力发展装配式建筑的指导意见》，将装配式建筑的发展作为建筑产业转型升级的重要方向。2017年，广东省政府积极响应国家号召，根据本省的实际情况，发布了《广东省人民政府办公厅关于大力发展装配式建筑的实施意见》，文件中明确了相关城市群作为重点推进地区，要求到2025年年底前，装配式建筑占新建建筑面积比例达到35%以上，其中政府投资工程装配式建筑面积占比达到70%以上。因此，不断提高装配式建筑的应用比例，已成为目前建筑行业一项非常重要的任务。

我国建筑以混凝土结构为主，长期以来，我国装配式混凝土建筑主要遵循传统的现浇混凝土结构建造思路，导致了装配式混凝土建筑造价高、施工难度大和抗震性能遭质疑等问题。混凝土预制构件生产一直以来都以传统人工生产方式为主，非标准化的模具使得生产效率较低，构件的质量难以保证，完全没有发挥建筑工业化环保、经济、高质、高效等的优势。

在国家大力推进装配建筑的背景下，某省建筑工程集团公司（以下简称集团公司）高瞻远瞩，积极布局，在集团内部整合优势资源，加快装配式建筑全产业链布局。

某省建筑机械厂有限公司（以下简称某省建机）作为集团公司的一员，具有几十年的建筑机械设计和制造优势，根据装配式建筑全产业链的功能位置和集团公司的指示，主要负责PC预制构件生产设备的研制工作。根据生产设备研制攻关团队的工作大纲和计划，第一阶段主要进行PC预制梁柱自动化生产线的研制，第二阶段开展装配式建筑PC工厂全套生产线研制，为PC构件工厂建厂提供全套的生产及辅助设备。通过两个阶段的研制及应用，打造具有某省建工特色的PC生产线及设备的供应和服务体系。

本研究项目打破传统建造方式的束缚，通过技术创新，全面提升装配式建筑的市场竞争力，摆脱目前装配式建筑实施主要靠政府推动的窘境，促进装配式建筑行业的健康快速发展。

11.1　面临的问题

在生产线（设备）研制前，某省建机对PC构件工厂生产情况进行了调研，发现当前国内产品存在以下不足：

（1）异型构件生产过程中每个工艺环节基本都依赖人工操作，机械化程度低、效率低、安全隐患大。

（2）墙、板类自动化生产线方面：生产线流动长度不足，缓冲工位少，一个通道出故障，容易造成全生产线停产，影响生产的连续性和生产效率；生产线柔性不足；实际生产时间大于设计节拍时间；只有一个布料振动，效率偏低；普遍只有振动电机振捣模式，振动过程中噪音大。

（3）固定模台生产线方面，大多采用起重机提吊手动料斗的方式布料，生产线效率较低，安全隐患大。

（4）搅拌站采用单主机模式或双主机单砂石上料系统，只要单主机或单上料系统出现故障或检修，搅拌站就要停产，影响生产的连续性。

为促使所研发的PC构件生产线（设备）更符合生产实际，某省建机与某省建筑科学研究院集团股份有限公司（以下简称建科院）、某省建远建筑装配工业有限公司（以下简称建远公司）等兄弟单位进行了密切合作。

11.2　研制的内容

通过对制约构件生产效率的因素、生产连续性、可靠性和构件生产工艺的分析，研发满足不同构件生产的振捣系统、布料系统、多模式多点控制拌合料输送系统、共享式双联搅拌站、起重机－电动平车交互转运系统等生产线（设备）系统，以及通过不同系统的组合研制了梁柱自动化生产线、异型构件自动化生产线、半自动化固定台模生产线、四通道综合墙板生产线，以解决国内PC构件生产工厂生产线使用率不高、自动化流水线方式生产构件种类单一、节拍时间无法保证、生产连续性差等问题。

1. 振捣系统的研制

在当前的PC构件生产线中，生产线和相关的设备主要是针对扁平类构件（如墙和叠合板）生产而研发的，其中的振捣系统振捣方式单一，难以满足不同构件的生产需要。在扁平类构件生产中，基本上都是采用高频振动台；在固定模台生产中，振捣基本上采用人工手持振动棒振捣。

在振捣系统中，振捣设备及其关键的设备必须根据不同构件的特点选择合理的型式和技术参数，不同的构件应采用不同的振捣设备和振捣型式。在本项目中，对三类构件的振捣设备进行了研制。

1）摇动振捣设备

扁平类构件生产过程中，普遍采用高频振动台进行振捣，已具有较为成熟的解决方案。在实际的生产中，高频振动台振捣噪音大，振动工位附近甚至整个工厂都震感强烈，容易造成噪音污染，影响附近居民。PC构件工厂一般都按10~16小时/日安排生产，有的甚至三班倒，其中部分的生产时间段正好是居民的休息时间段，而在居民的休息时间段，单一的高频振捣模式的生产线必须限制生产，这为赶工生产带来严重的不便。

通过调研分析发现，对占比较大的叠合板等厚度不大的构件来说，不必采用高频振捣，用摇动振捣或摇动振捣辅助低频振捣即可。根据这一调研结果，研制了摇动振捣设备。

2）高宽比大的构件高频振动台

开展此类构件高频振动台的研制的目的是解决异型构件的自动化振捣问题。

高频振动台是最高效的振捣设备，具有激振力大、振捣时间短、振捣均匀等特点。在研制过程中优先选择高频为研究目标，通过调研、计算及试验，设计出振动台的型式及设备工艺参数。

3）矩阵式自动化振动棒装置

为追求更好的振捣效果，模拟人工振捣效果，在研制梁柱自动化生产线时，同时研制了高频振动和自动化矩阵式振动棒装置。矩阵式振动棒装置设置在布料机行走支架上，与布料机共轨道，用于不适宜高频振动台振动的构件，辅助高频振动改善构件外观质量。

振捣系统根据不同的构件特征设置了三种不同的振捣设备，在PC构件工厂设备规划时，首先应该明确不同生产构件的特点及作业要求，选用单一设备或不同设备进行组合。

在生产扁平类构件的生产线里，适合选择高频振动加摇摆振捣的模式，满足内外墙和叠合板等构件的生产，在工作时间段以内外墙生产为主，在晚间或影响周边居民工作和生活的时间段以叠合板等振动噪音较小的构件生产为主。

在高宽比大的构件或异型构件生产线中，特别是涉及二次浇注的构件生产线，适宜选择构件高频振动台加自动化矩阵式振动棒装置，以提高生产效率，保证构件生产质量。

2. 布料系统的研制

当前PC构件生产工厂中，主要包括两类构件的生产，一类是墙和板扁平类构件，另一类是异型构件。扁平类构件生产线采用特点工位进行布料，异型构件采用起重机提升料斗灵活布料。

安全可靠的布料系统一般具备从拌合料输送系统中接料和布料的功能。布料机是布料系统的关键设备。

在PC构件工厂中，主要存在两种不同的布料方式：一种是起重机配合料斗布料，这一布料方式通过叉车或泵车要先从搅拌站运料过来，生产效率低，安全隐患大，控制布置限制性强；第二种是针对扁平类构件研发的专用布料机，特点是定点接料，布料高度无法调整，灵活性差。

布料系统的研制主要是围绕着现有布料方式存在的问题而进行的。研制前，要分析构件的特点，对构件进行分类，以研制适应不同构件生产的布料机。在本项目中，先后研制了可升降扁平类构件布料机、可升降异型类构件布料机和三维混凝土转运装置。

1）可升降扁平类构件布料机

可升降扁平类构件布料机主要是针对扁平类构件研制的布料机，其布料长度方向（布料窗口布置方向）与模台宽度方向一致（X向）。

布料机由布料小车行走支架、X向走行机构、Y向走行机构、布料机构、安全防护装置、升降系统、清洗设备、计量系统、液压系统、电控系统等组成，布料机构由布料斗、搅拌机构、分料装置等组成。布料机采用变频驱动技术，带紧急制动装置、液压蓄能装置实现应急卸料，设备安全可靠，容易清洗，维修保养方便。

布料机采用自动化程序控制，可按预先输入程序为每一个模台自动均匀布料，同时具有平面两坐标运动控制、纵向料斗升降功能，并且预留控制系统升级接口，便于升级。布料机走行速度、布料速度无级可调。布料机可实现料门的手动、预选、自动控制功能，并且布料斗有电子称重显示功能。

2）可升降异型类构件布料机

可升降异型类构件布料机主要是针对高度较大的异型构件研制的布料机，其布料长度方向（布料窗口布置方向）与模台长度方向一致（Y向）。其结构和工作原理与可升降扁平类构件布料机，只是其布置不同，技术参数有较大提升。

3）三维拌合料转运装置

三维拌合料转运装置（以下简称转运装置）主要为解决高度尺寸较大和异型构件生产而研制的接料、布料一体机。

转运装置由料斗、钢结构支架、料斗升降机构、桥架、大车行走机构、小车、电气控制系统和液压控制系统等几部分组成。拌合料转运装置能在接料位从拌合料输送料斗接料，接料完成后通过自动或手动操作到布料点进行布料，通过液压系统可以操控料斗升降，确保布料高度。

3. 多模式多点控制拌合料输送系统的研制

拌合料输送系统将水泥、砂、石、水及外加剂经搅拌站搅拌后，通过运输小车运输至各个用料点。作为工业化生产方式，其运输方式应以有轨运输为主，确保运输安全可靠。

当前PC构件工厂的拌合料输送系统局限于给自动化流水线供料，拌合料运输车给生产线定点供料，供料点数量有限。不少的设计当中，拌合料输送系统设置为单通道闭环系统，在这类设计中，为了保证运行过程中不撞车，通常拌合料运输车只能单向运行，当一个拌合料运输车出现故障时，整个拌合料输送系统就处于瘫痪状态，不利于工厂连续生产。

多模式多点控制拌合料输送系统主要是为了解决送料效率、生产的连续性、便利性、可靠性等问题。本系统的研制主要包括输送通道的选择与布置，以及控制系统的研制。

多模式多点控制拌合料输送系统主要包括若干个输送通道和多个拌合料运输车及其控制系统。其中的拌合料运输车控制系统包括多种控制方法。

4. 模台流动系统的研制

在PC构件生产中，效率较高的流水线作业有两种模式：一种是原材料随着工艺路线流动，在不同的工位完成不同的生产工艺；另一种是材料不动，通过生产设备的移动在同一个工位完成所有的工艺加工。

因为具有较高的生产效率，所以模台流动是当今PC构件工厂自动化生产线中使用最普遍的流水化作业模式。在早期建设的生产线中，由于对生产工艺等的因素研究大多依赖于理论模型，对设备的故障率、操作工人的熟练程度等因素没有足够的重视，过于乐观估算每一工艺的作业时间，因此，在此基础上所设计的模台流动系统存在长度不够、柔性不足和可靠性差等问题。

针对调查过程中发现的问题，模台流动系统的研制工作主要包括以下几方面：首先是合理布置流动系统中的驱动装置，然后是改变模台流动系统的控制方式，最后是根据不同的构件配备不同数量的摆渡位以及不同数量和长度的通道。

模台流动系统主要由支撑滚轮、驱动滚轮、摆渡小车及其行走轨道、感应防撞装置、控制系统等组成。

5. 绿色环保、共享式双联搅拌站研制

搅拌站是进行预制构件生产的主要生产设施，用于向构件生产线供应拌合好的拌合料。早期建设的PC构件工厂搅拌站大多数是套搬商混搅拌站的设计模式，采用单搅拌站或单站双主机设计，这种设计无法解决因单一环节出故障而停产的问题。同时随着对环保要求的逐步提高，土地成本的不断上涨，这种设计越来越不满足工业化的生产要求。

随着环境保护力度的加强，越来越多的地区要求搅拌站设计成封闭系统，并且只能安装在厂房内。绿色环保、共享式双联搅拌站是遵照绿色环保、节约用地、生产连续可靠的原则而研制的PC构件工厂专用搅拌站，可解决生产连续性、稳定性问题，同时降低环境污染，实现资源回收再利用，最大化土地利用效用。

为了减少对场地的占用，搅拌站的冗余设计不是两台搅拌站的简单叠加，而是采用两套独立工作的模式对可以共用的模块进行共享，以确保在不影响独立使用的

前提下，最大化共用资源，比如两套搅拌站只有边上的两个粉罐设计成一对一的使用方式，而中间的两个粉罐每个均被设计成可以同时为两套独立的搅拌站供料。

6. 起重机－电动平车交互转运系统研制

起重机－电动平车交互转运系统是物流系统的核心部分。物流系统主要解决原材料的转运与装卸，半成品、成品的跨车间及室内室外堆场间的流动和转运等问题。

在相当一部分PC构件工厂中，原材料、半成品和成品流通不畅，严重制约了生产效率。部分工厂过度依赖叉车和汽车转运，成本高，安全隐患大。

起重机－电动平车交互转运系统的研制主要是有三方面的工作。

（1）规划转运路线和实现途径。

（2）为不同生产线、堆场和装卸车配备型号合适、起重容量和起升高度适宜、数量匹配的起重设备。

（3）为原材料、半成品和成品跨车间、跨堆场选择合适的搬运设备。

7. 装配式建筑PC工厂规划与生产线

预制构件厂房规划主要是根据产能、生产与堆场的比例关系以及道路交通、构件工艺路线等参数，在空间及平面上对厂区的各功能要素进行面积划分和空间布置，并将设备布置在相关的区域内，实现生产线与产能相匹配、生产工艺流程与物流相匹配、不同生产线用料与产能相匹配（如钢筋生产线与预制构件生产线、搅拌站与构件生产线之间的产能）、生产面积与堆场面积相匹配等。

在做PC工厂空间及生产线（设备）规划时，应用先进的机械三维设计软件Solidworks，有效地检查空间碰撞等问题。已初步探索将Solidworks与BIM技术相结合的方法，将Solidworks建模和BIM信息传递的优势应用于工厂空间及生产线（设备）规划。

1）梁柱生产线

PC构件中，梁柱的生产基本都是采用人工布料和人工振捣的生产方式，生产效率低，生产质量依赖于工人的技术水平。梁柱实现自动化生产的难度在于梁柱属于高宽比较大的构件，其布料和振捣是关键难点。针对梁柱构件的特点，研制了由梁柱专用布料机、高频振捣与矩阵式自动化振动棒双振捣模式组成的梁柱生产线。

2）异型构件自动化生产线

在某省PC构件工厂所承接的构件订单中，异型构件占比较大，而异型构件生产基本都是依赖于人工，生产效率低。与规整的墙或板构件相比，由于异型构件的机械化率低，导致异型构件的人均效率只是墙板类构件的人均效率的50%～60%。

某省的文化决定了地域建筑特色，在住宅建筑构件中，飘窗等构件占比较大。因此，在成功研制梁柱自动化生产线的基础上，研发了异型构件自动化生产线。

3）新型固定台模生产线

为了满足高装配率和建筑个性化要求，许多构件无法通过自动化流水线生产，即使是异型构件生产线也不行，其布料高度也存在一定限制。传统的布料机通常只能实现1.5米以内的布料高度，对于超高类构件或无法采用自动化生产线生产的构件，只能依靠固定模台生产线。

新型固定模台生产线是根据实际需要而研制的半自动化生产线，既能提高生产效率又能兼顾固定模台生产构件种类繁多的优点。与单纯的固定模台生产线相比，其自动化程度高，实质为半自动化生产线，具有投资低、生产效率和性价比高的特点。用户可根据自身实际情况来布置模具种类、数量及固定模台的数量。

4）四通道综合墙板生产线研制

四通道综合墙板生产线采用高精度、高结构强度的成型模具，通过布料机将拌合料浇筑在模具内，振动台振捣后并不立即脱模，而是经预养护、蒸汽养护（或自然养护）使构件强度满足设计强度时才进行拆模处理。拆模后的成品构件运输至室外成品堆放区域，而空模台则沿生产线自动返回。

所研制的四通道综合墙板生产线是针对高度大超过500mm的内墙板、外墙板（含三明治墙板）、叠合板等构件的综合柔性生产线。通过大量缓冲工位及四个摆渡位的设置，该生产线既能满足复杂工艺构件（如反打瓷砖类构件）的生产，同时也能保证生产节拍时间。

11.3　积　极　意　义

　　本项目意义在于三个方面。第一，作为集团公司培育装配式建筑全产业链上的一环，通过对PC工厂全套生产线（设备）的攻关，有利于为集团公司筹建PC构件厂提供全套生产线（设备）的解决方案和供应保障；第二，借助于集团公司的总体布局，某省建机积极把握这一宝贵机遇，培育新的增长点，走转型升级之路；第三，通过成功研制，形成有集团公司特色的PC生产线（设备）体系，为集团公司培育行业优势尽了最大的努力。

第 12 章

融合中台能力的智慧工地应用

实践要点：基于统一的"数字中台"提供的全局数据库、数据资源平台、智慧运营中心，打造符合集团管理模式的"智慧工地"管理系统，覆盖工地现场管理、安全管理、质量管理、环境管理、能耗管理、进度管控等多个维度，能够为各二级、三级公司提供智慧工地应用系统云服务。同时，数据资源平台将自动对各数字工地系统的数据进行归集，整合后的数据将在各层级的"数据分析空间""数据应用空间"提供分析、展示、推荐、预警等综合化数字应用。

智慧工地数字空间体系架构如图12-1所示。

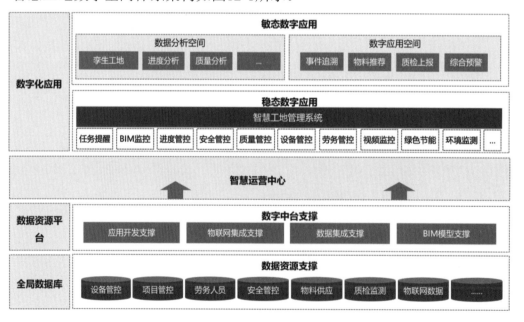

图 12-1 智慧工地数字空间体系架构

搭建企业统一的"智慧工地"管理平台，根据施工现场业务管理需求，构筑基于融合物联网+BIM+智能化+大数据的综合业务应用系统，实现工地的人员监管、进度监控、安全监控、设备管控、物料管控、节能管控、环保监控等功能，能够降低运营成本，节省人力投入，减少安全隐患，规范施工管理，有效缓解项目施工现场劳务、设备、材料、安全、环境等方面的管理难题。

12.1　融合BIM打造数字孪生

依托"数字中台"提供的企业级的BIM能力，结合智慧工地系统采集到的各类业务数据与设备数据，构筑"工地数字孪生应用"，实时、动态地展示项目进度、设备运转、人员分布、物料消耗、能耗排放等相关情况，从而给各级管理人员、监控人员一个统一、直观的数字化监控工作空间。

智慧工地数据大平台如图12-2所示。

图 12-2　智慧工地数据大平台

12.2 面向用户打造友好应用

结合各层级用户的实际需求，打造专属、友好的"数字轻应用"，每个应用解决某个专业领域的问题，覆盖上报、预警、提醒、查询、智慧推荐等诸多类型的业务应用，比如质检上报、考核上报、设备巡检、工作提醒、库存速查等。

通过"轻应用"的推广，将用户从原有的复杂系统中解放出来，用户通过简单的查询、登记、提交等操作就可以完成原来复杂的业务，从而大大提升系统的接受度，让"业务数字化"的推进变得可行。

智慧工地数字轻应用如图12-3所示。

图 12-3　智慧工地数字轻应用

第 **13** 章

依托中台能力构筑5G智能检测平台

实践要点： 从本章开始，我们将从此前介绍的数字空间体系出发，阐述如何在"一库一平台一中心"的各个层级，建设符合要求的支撑、模型与应用，尤其侧重于数字化应用的体验。

5G智能检测车的实践，需要将设备信息、实时记录、车辆传感器数据等整合到企业的全局数据库，再通过物联网集成支撑、数据集成支撑等模块形成数据资源平台的整体支撑，最后建立车辆管理、视频会议等稳态数字应用以及车辆分析、任务分析、安全交底等敏态数字应用。

数字化的洪流，悄然改变着世界。某院乘势而上，自主研发全国首创的5G智能检测车。目前，首发14款5G智能检测车覆盖参数30余项，申报专利、软著20余项，现面向全国推广销售并招募省级合作伙伴，共同推动行业数字化转型升级。

2020年4月，某院自主研发的5G智能检测车正式投入使用。该院是中国首家拥有5G智能检测技术，并将它推向市场的建筑科技企业。

5G智能检测车配备适合日常监测作业和应急监控作业，可实现各种工况下的环境调查、趋势分析、重点监测、数据融合、信息发布及在线会诊等功能，有效提高抢险效率。

5G智能车总计有14款车型，包括：工程监测车、桩基静载检测车、桩基动测车、结构检测车、幕墙鉴定车、电力设备检测车、消防检测车、通风与空调检测车、室内环境监测车、生态环境检测车、地下缺陷检测车、道路检测车、桥梁检测车和工程管网检测车。该院还将持续拓展5G车应用场景，打造应急抢险指挥车、工地移动实验室、质量安全巡查车等。

5G智能车数字空间体系架构如图13-1所示。

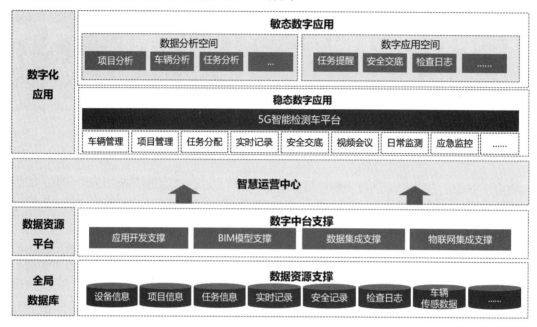

图 13-1 5G 智能车数字空间体系架构

5G智能车检测平台由院级、所级、车载大屏、小程序几部分组成，覆盖项目实时信息、车辆实时数据信息、多方远程视频、任务分配等应用，实现多车联网协同、远程专家诊断、检测原始数据、车载系统数据、人员操作、任务进度等实时数据回传。

13.1 基于5G融合前沿技术

5G智能检测车融合5G通信、物联网、大数据及智能传感等多项前沿技术，主要功能包括：

- 作为独立 5G 通信基站可随时随地支持 5G、4G、3G 移动网络，搭载太阳能光伏、便捷式发电机、蓄电池、充电桩接口等多种车载供电系统，作业环境不受限。

- 集成云台摄像机、无人机、三维扫描仪、单兵记录仪等多种智能勘查设备，可快速勘测现场实景信息及数据信息，构建三维模型，快速复原现场情况。

- 检测参数数字化采集，一键上传系统平台，数据智能分析，报告现场生成，智能检测高效便捷。

- 车联网管理平台，人、车、设备智慧协同，可实现远程应急指挥、专家连线会诊、多车协作配合、设备智能控制等，项目信息了如指掌。

- 多种人性化设计，如总控办公台、智能仪器柜、车外遮阳棚、夜间探照灯等，移动办公舒适惬意。

13.2　实现多端协同多设备协作

5G 智能检测车平台的主要亮点包括：

- 多端协同工作。在 PC 端，可以进行车辆管理、项目管理、任务分配、车辆实时记录、安全交底、报告生成；使用车载 APP，可以进行设备控制，执行实时任务、安全交底、视频会议；在小程序端，可以执行实时任务、安全交底、检查日志、车辆归还。

- 多设备协同工作。车载大屏通过 APP 控制车内设备协助现场工作；摄像头提供车内外实时视频、录像回放、实时截图功能；仪器智能柜提供仪器管理、仪器柜控制功能；通过无人机视频传输协助现场工作；探照灯提供照明、警示功能；通过 GPS 网关实现车辆实时定位。

- 3D 模型。三维全景展示车辆，实现摄像头、仪器智能柜、长排工程灯、探照灯、车外警示灯等车上设备的精准定位以及车内环境的立体影像。

- 报告生成。支持回弹仪、静载仪、监测传感器等设备数据的自动采集；支持人工录入原始数据；支持多种定制化的报告自动生成，报告内容包括项目信息、检测对象、数据报表以及报告结论。

- 多车视频会议。多车之间包括小程序、车载 APP、PC 检测端多端协同的视频会议。

- 单车视频会议。单辆车小程序、车载 APP、PC 检测端多端协同的视频会议等。

13.3 广泛的应用场景

1. 5G智能检测车在应急抢险事故中的应用

5G智能检测车相当于应急抢险事故现场的一双眼睛，可以辅助现场应急抢险，争取抢险黄金时间。5G智能检测车可利用无人机、升降云台摄像机获取现场影像，实现现场环境的精准调查。在现场环境调查时，针对局部明显出现危险的区域进行定点巡查，通过实景三维、三维激光点云等技术手段采集相关数据，观测发展趋势；结合声波探测、影像识别、激光扫描等技术，对事故现场实现高密度点云测量，创建动态三维模型，分析事故发展趋势；在明确危险源及病害后，现场人员布设高精度传感器，利用智能测量机器人进行定点测量，实现房屋倾斜、裂缝等的精确监控，对需要保护的在住房屋、道路、桥梁、隧道、煤气、供水等重要设施进行亚毫米级的保护监测；随后，通过智能信息系统对现场影像、点云数据及测量数据进行信息融合，形成综合分析报告，并通过5G通信技术将现场信息与各地专家进行无缝对接，将现场巡查情况、测量数据等信息实时远程发送至指挥部，甚至可以与全国各地的专家进行交流，一起制定抢险方案。

2. 5G智能检测车在检测作业中的应用

5G智能检测车系列里的"消防智能检测车"不仅实现了某省消防设施检测标准中8大系统、63类检测参数的现场检测和数据无纸化记录传输，还实现了排烟风口风速、应急照明时长、疏散走道地面照度等6个检测参数的自动采集及无线传输。无人机和三维建模软件组成智能化测试系统，实现了建筑外围防火测试和数据的自动计算，该系统通过无人机飞行路线规划和车载可视仓直播拍摄画面，可以直观地记录和提取建筑周围的消防设施设置情况，同步对建筑进行三维建模，实现建筑外围防火间距、消防车道、消防救援场地、消防登高操作面等相关尺寸的 1∶1 精准测量。消防智能检测车中的智能头盔实现了检测人员、检测项目及检测现场的智能监管。该系统具备语音通话、视频录制、照片回传、脱帽报警、心率监测、智能定位等多种功能，既能保证检测员之间的高效沟通，又能协助管理者对检测现场进行远程可视化管理。

第 14 章

建设工程材料智能化检测

实践要点：建设工程材料智能化检测，需要将样本信息、检测设备、测试过程、实验数据等整合到企业的全局数据库，再通过物联网集成支撑、数据集成支撑、智能算法支撑等模块，形成数据资源平台的整体支撑，最后建立智能混凝土抗压强度检测、智能混凝土抗渗检测等稳态数字应用以及检测项目分析、检测成本分析、过程跟踪、报告查询等敏态数字应用。建设工程材料智能化检测数字空间体系架构如图14-1所示。

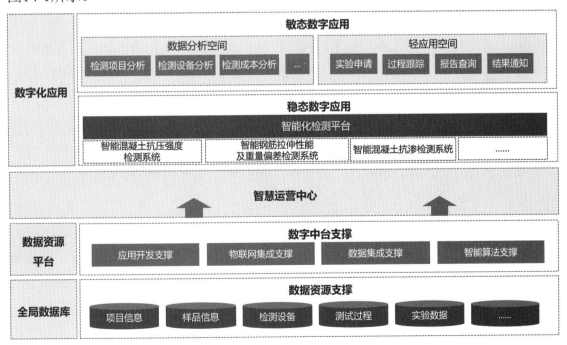

图 14-1　建设工程材料智能化检测数字空间体系架构

本项目已研发出智能混凝土抗压强度检测系统、智能钢筋力学性能检测系统和智能混凝土抗渗检测系统，建成了全国首家建设工程材料智能化检验示范实验室，建成了技术领先的全自动混凝土抗渗实验室。经某省土木建筑学会组织专家鉴定，该项目的研究成果达到国际领先水平，并在某省未来预测研究会完成了重大项目科技成果登记。本项目荣获2021年度某省土木建筑学会科学技术奖一等奖，本项目研究的技术与装备已在行业内推广应用，取得良好的经济效益和社会效益。

14.1　突破核心关键技术

本项目以建设工程材料中最典型的检测项目为切入点，基于检测技术标准，采用人工智能技术，从建筑材料检测的全流程着手，系统研究了智能化检测中关键技术问题，在基于机器视觉的样品识别技术实现样品智能识别、利用机械臂与视觉系统协调技术实现样品安装就位、检测过程智能化等方面取得了创新性成果。

（1）研究了混凝土抗压强度智能检测关键技术，包括混凝土试件标识自动识别技术、混凝土试件自动搬运技术、试件尺寸自动测量与判别技术、不同强度等级混凝土检测速率自动切换技术等，可实现混凝土试件的搬运流转、试件标识的识别、试件尺寸测量、试件抗压强度检测、检测结果判定等全过程的智能化。

（2）研究了钢筋力学性能智能检测关键技术，包括钢筋试件标识自动识别技术、钢筋试件自动搬运技术、重量偏差自动测量技术、断后伸长率自动测量技术等，可实现钢筋的搬运流转、钢筋标签的张贴、钢筋重量偏差的测定、钢筋拉伸性能测试、检测结果的判定等全过程的智能化。

（3）研究了混凝土抗渗智能检测关键技术，包括混凝土抗渗试件自动化安装与拆卸技术、混凝土抗渗性能自动测试技术、混凝土渗水自动识别技术等，可实现混凝土试件的搬运流转、试件标识的识别、抗渗性能检测过程中试件的自动密封、漏水的判定等全过程的智能化。

基于智能化检测关键技术研究成果，自主研发的智能混凝土抗压强度检测系统可实现混凝土试件抓取、样品信息识别、尺寸测量、抗压强度试验、结果计算与判定、检毕样品处理等全过程智能化运作，24小时内可以完成约380组试验；智能钢筋力学性能检测系统可实现钢筋试件抓取、样品信息识别、重量偏差测量、力学性能检测、结果计算与判定、检毕样品处理等全过程智能化运作，24小时内可以完成约280组试验；智能混凝土抗渗检测系统可实现混凝土试件抓取、样品信息识别、抗渗性能检测、漏水情况判定、检毕样品处理等全过程智能化运作，每周完成16组试验。

14.2　经济社会价值

全国首家建设工程材料智能化检验示范实验室已于2021年1月正式投入运行，包括智能混凝土抗压强度检测系统、智能钢筋力学性能检测系统、智能混凝土抗渗检测系统。基于人工智能和大数据技术，可实现24小时无人化试验，投入运行至今，智能混凝土抗压强度检测系统完成约4.1万组混凝土抗压强度检测，智能钢筋力学性能检测系统完成约1万组钢筋拉伸性能及重量偏差检测，智能混凝土抗渗检测系统完成约750组混凝土抗渗性检测。

技术领先的全自动混凝土抗渗实验室已正式投入运行，由32台全自动混凝土抗渗仪组成，可同时进行128组混凝土抗渗性能试验。智能化与信息化深度融合，实现试件自动加压密封、自动装脱模、自动监测渗水、数据自动上传以及结果自定判定等功能，信息化云平台集中进行检测数据管理，具备远程实时监测试验运行状态、调取试验数据、手机实时通知等功能。全自动混凝土抗渗实验室的建设，显著提高了数据的可靠性、准确性、真实性，大幅减少了人工，为建设工程质量保驾护航。该实验室投入运行至今，完成约4000组混凝土抗渗性能检测。

14.3　引领行业标准

本项目团队在总结建设工程材料智能化检验实验室的建设、运行及管理经验的基础上，主编了国内第一部省级建筑材料智能化检测标准，为建筑材料智能化检测的规范运作和管理提供了科学依据，推动了智能化技术在建筑材料检测中的广泛应用。

经某省土木建筑学会组织专家鉴定，本项目的研究成果达到国际领先水平，并在某省未来预测研究会完成了重大项目科技成果登记。同时，该项目也荣获2021年度某省土木建筑学会科学技术奖一等奖。

14.4　成果广泛应用

本项目研制的智能混凝土抗压强度检测系统、智能钢筋拉伸性能及重量偏差检测系统、智能混凝土抗渗检测系统，已在某省建设工程质量安全检测总站有限公司等单位应用。建成的建设工程材料智能化检验示范实验室与全自动混凝土抗渗实验室，从投入运行至今，已接待全国各地60多家检验检测机构、相关单位来访参观、交流学习。智能化检测系统已应用在某市地铁、机场、某电网生产调度中心、机场航站区扩建工程、磁浮旅游专线工程等重大工程项目的材料检测中，检测结果及时准确、可靠公正，为工程验收提供了有力支撑，取得了显著的经济和社会效益，得到了政府建设主管部门、同行与客户的充分肯定。

未来将以建材智能化检测技术及智能化装备应用为研究方向，研发更多的智能化检测装备并推广应用，推动建材检测行业的转型升级。

第 15 章

依托中台能力构筑智慧社区

实践要点： 第8章讲到，数字空间的建设过程是"先内控后业务、先主业后产业、先集团后各级、先自身后生态"。从本章开始，我们将视角从集团内部拓展为集团外部，思考如何从智慧城市和智慧社区的视角实现"一库、一平台、一中心"的数字空间体系建设。

建设智慧社区所需要集成的数据更为复杂，因而其难点在于如何协同各有关部门，将人口民生、企业服务、消防应急、门禁监控等数据整合到政府层面的全局数据库，再通过BIM模型支撑、数据集成支撑、智能算法支撑等模块形成数据资源平台的整体支撑，最后建立服务监控、信息发布、物业管理等稳态数字应用以及数据驾驶舱、社区可视化、家政服务、养老服务等敏态数字应用。

智慧社区是社区管理的一种新理念，是新形势下社会管理创新的一种新模式。智慧社区是指充分利用物联网、云计算、移动互联网等新一代信息技术的集成应用，为社区居民提供一个安全、舒适、便利的现代化、智慧化生活环境，从而形成基于信息化、智能化社会管理与服务的一种新的管理形态的社区。智慧社区建设能够有效推动经济转型，促进现代服务业发展。

智慧社区（城区）涉及智能楼宇、智能家居、路网监控、智能医院、城市生命线管理、食品药品管理、票证管理、家庭护理、个人健康与数字生活等诸多领域，充分借助互联网、物联网，把握新一轮科技创新革命和信息产业浪潮的重大机遇，充分发挥信息通信（ICT）产业发达、RFID相关技术领先、电信业务及信息化基础设施优良等优势，通过建设ICT基础设施、认证、安全等平台和示范工程，加快产业关键技术攻关，构建社区（城区）发展的智慧环境，形成基于海量信息和智能过滤处理的新的生活、产业发展、社会管理等模式,是面向未来构建的全新的社区(城区)形态。

智慧社区数字空间体系如图15-1所示。

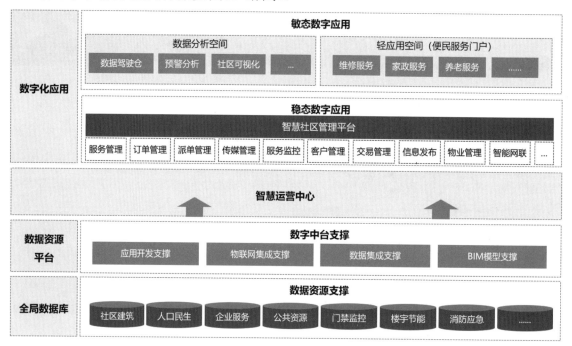

图 15-1 智慧社区数字空间体系

15.1 产业推动打造智慧社区

"智慧社区"建设,是将"智慧城市"的概念引入社区,以社区群众的幸福感为出发点,通过打造智慧社区为社区百姓提供便利,从而加快和谐社区建设,推动区域社会进步。基于物联网、云计算等高新技术的智慧社区是智慧城市的一个"细胞",它将是一个以人为本的智能管理系统,有望使人们的工作和生活更加便捷、舒适、高效。

《中华人民共和国国民经济和社会发展第十四个五年规划和2035年远景目标纲要》《绿色社区创建行动方案》《"十四五"建筑节能与绿色建筑发展规划》等文件指出，建立健全绿色低碳循环发展经济体系，促进经济社会发展全面绿色转型，是解决我国资源环境生态问题的基础之策。相关重点工作，包括推动产业结构优化升级，不断提高产业绿色低碳发展水平；大力调整能源结构，实施可再生能源替代行动；坚持和完善能耗双控制度，狠抓重点领域节能；加大科技攻关力度，推动绿色低碳技术实现重大突破；坚持政府和市场两手发力，完善绿色低碳政策体系和市场化机制；加强生态保护修复，提升生态系统碳汇能力；推动全民节约，营造绿色低碳生活新风尚。社区是社会治理体系的基础，是人民安居的家园。提升社区治理水准，完善社区治理体系，强化社区治理能力，共建新时代的智慧社区，对于全面建设社会主义现代化具有重要意义。依托社区数字化平台和线下社区服务机构，建设便民惠民智慧服务圈，提供线上线下融合的社区生活服务、社区治理及公共服务、智能小区等服务，是提升社区治理水平的重要举措。15个省市"十四五"规划纲要均提及"智慧社区"相关内容，11个省市"十四五"规划意见稿均提及"智慧城市"相关内容。

相关政策指出，到2025年，基本构建起网格化管理、精细化服务、信息化支撑、开放共享的智慧社区服务平台，初步打造成智慧共享、和睦共治的新型数字社区，社区治理和服务智能化水平显著提高，更好感知社会态势、畅通沟通渠道、辅助决策施政、方便群众办事。

政策文件中还指出，着力构建绿色多元的社区能源供给体系、节约高效的社区能源消费体系、循环无废的社区资源利用体系、智慧互动的社区能源资源平台、互利共赢的综合能源商业模式、创新融合的数字+能源资源产业，成为推进生态文明发展的参与者、贡献者和引领者，打造低碳社区，探索可复制、可推广的未来低碳社区场景建设和运营模式，可再生能源比重达到10%以上，社区综合节能率达到20%以上，非传统水资源利用率达到10%以上，垃圾资源化利用率达到40%以上，能源资源利用效率国内领先，供应消费智慧互动初步建立。

建设智慧社区，需要积极探索低碳智慧社区的发展路径、管理方式、推进模式和保障机制，鼓励建设和运营模式创新，注重激发市场活力，建立可持续发展机制：

- 政府要监管。政府要对居民安全和财产提供保障，关注绿色低碳社区、关注社区治安，保障社区稳定，重点关注"七类人员"。

- 住建要降投诉。社区作为城市的基本单元，居民投诉是影响社会和谐的重要因素；降低上访和投诉是当前主要话题。

- 公安要安全。关注社区智慧化，重点监控犯罪人员，便捷、有效地监管社区进出人员/车辆的详细信息，为刑侦工作提供支撑。

- 街道要管理。承担政府管理和服务的最后一公里，服务社区居民，提升社会治理水平。

- 物业求转型。由于物业收入单一且人工成本逐年上升，因此打造智慧社区平台、扩展增值服务收入是目前唯一的途径。

- 居民要便利。消费升级背景下业主需要更好的居家生活服务整合者来增强生活幸福感。

根据中研普华研究发布的《2021—2026年中国智慧社区行业发展前景及投资风险分析报告》显示，2020年我国智慧社区规模为5405亿元，同比增长约19%。中商产业研究院发布的《2019年中国智慧社区行业市场前景及投资研究报告》指出，2022年中国智慧社区市场规模近万亿元。市场两大方向包括：老旧小区的智慧化改造和新建社区的智慧化提升。

15.2 标准先行促进平台落地

智慧社区建设，需要标准先行。2020年8月，住房和城乡建设部发布国家标准《智慧城市建筑及居住区第1部分：智慧社区建设规范》（征求意见稿）。标准适用于指导智慧社区的设计、建设和运营。标准明确定义智慧社区是利用物联网、云计算、大数据、人工智能等新一代信息技术，融合社区场景下的等多种数据资源，提供面向政府、物业、居民和企业的社区管理与服务类应用，提升社区管理与服务的科学化、智能化、精细化水平，实现共建、共治、共享的管理模式。标准对智慧社区系统的建设，包括基础设施、综合服务平台、社区应用、社区治理与公共服务、安全与运维保障等方面，提出了相应的规范和要求。

有了标准，就可以制定社区的建设策略。要建设智慧社区，需要集"智慧应用平台+智能化水平提升+运营服务"大版块业务建设如下内容：

- 打造社区数据汇集中台，打通信息"孤岛"，精准掌握全息数据。

- 智能科学研判，基于人工智能赋能，大数据精准研判分析，更好感知社会态势、辅助决策施政。提升社区治理水平，实现网格化管理，掌握鲜活数据，感知赋能高效联动，有效预防和减少各类案件的发生。

- 提供精细化服务，增强居民的安全感、体验感和幸福感，彰显社区特色的基层治理现代化新模式，实现社区运营的可持续性，健全社区生态运转，得到专业机构支撑，扎实推动社区服务，保障平台运行的可持续性；建设绿色低碳社区，构建绿色多元供给体系、节约高效的能源消费体系、循环无废的社区资源利用体系。

依托标准和建设策略，就可以实施平台落地。智慧社区应用平台包含以下几个部分：

- 智慧社区数据中台。通过标准化的数据接入，体系化的数据深度治理，建立城市级社区数据汇聚池。

- 大数据驾驶舱。通过数据挖掘、数据清洗，建立基础数据专题、基层治理专题、为民服务专题、AI预警专题、绿色低碳专题五大专题，支持数据可视化、专项深化分析、大数据研判。

- 运行指挥调度中心。有文字、有图像、有声音的可视化指挥调度可以支持高效、纵横联动指挥，完成指挥调度一张图、基础资源整合、资源分布定位、案卷实时提醒、网格资源力量分布、视频监控预览、智能化调度等职能。

- 物业管理中心。支持物业数据档案、报事报修、信息发布、3D可视化、智能物联网、运行数据驾驶舱、预警分析、移动应用，提供便捷、高效的小区管理服务。

- 运营服务监控中心。通过区域管理、服务类目管理、订单管理、派单管理、交易管理、客户管理、传媒管理、服务监管、运行数据分析，提供有偿服务、维修服务、家政服务、养老服务、上门服务、租赁服务、支付通道、广告服务、二手置换等相关服务，保障社区服务内容，监管服务质量，掌握运营成效。

- 居民服务通。提供快速认证、门禁开卡、公告通知、访客邀约、智慧停车、报事报修、事件上报、掌上监控等服务，提升居民满意度、幸福感。

15.3　覆盖广泛场景服务民生

1. 基层治理场景

智慧社区可以实现很多基层治理场景，包括：

- 老楼安全检测。通过物联网和智慧社区平台，实时接收预警信息，及早发现安全隐患。

- 智慧停车。智慧停车的特点包括：实时车辆全息库、车主精准画像；车辆预警；车辆通行数据汇集分析、车位分析；基于车牌识别，无须安装额外装置；地下车库行车安全提醒，保障业主安全；专用车位联网管控，维护社区和谐；等等。

- 智慧门禁。支持多种认证方式，如刷卡、指纹、人脸、刷卡+密码等；系统稳定，人脸识别小于0.5秒；双目活体检测，强逆光人脸追踪曝光。

- 入侵检测。智慧安防的入侵检测，提供如下服务：24小时探测防范区域；人员非法进入警告；报警信号实时传输；预警提醒管理人员，联动视频监控；智能安防黑科技，主动感知并预警安全隐患；不受环境影响，全天候监测守护业主安全；智能过滤，更少误报，维持安静居住空间。

- AI行为分析。建立AI高清视频监控，构建立体式智能感知系统，支持特殊区域震慑、危险区域提醒、高空抛物监管威慑、翻越道闸安全提醒、泳池夜间人员逗留、陌生人识别报警、老人摔倒识别等功能。

- 智慧电梯。在电梯外安装电梯监测系统+视频智能识别系统视频分析异常行为，现场语音提醒，中心预警提醒，以单相机支持多种危险乘梯行为分析，兼顾电梯美观。

- 智慧井盖。在井盖倾角、移位、井盖开启、井盖丢失时提供智能实时预警，支持液位探测预警、物业管理平台实时推送，以便及时掌握井盖情况、及时消除隐患。

- 智慧消防。针对小区人员密集、家庭单元众多、消防安全情况复杂的特点，智慧消防系统将建立全新、高效的小区消防管理模式，全面监控小区用电安全、火灾早期报警、燃气管道泄漏、消防水管压力、消防通道堵塞等消防安全要素，异常情况秒级报警，可直连各级消防救援力量，提高管理与救援效率，24小时保障小区消防安全。实现传统消防系统联网监控，并将电气火灾系统、消防水系统、可燃气体监测系统、消火栓可视化管理、视频监控、设备设施巡查管理、烟感报警等通过物联网的方式，将数据信息化后上传至云平台，将"人防、物防、技防"三者结合应用于传统的消防管理和监督。

- 智能广播平台。对接消防报警，扩大应急情况疏导覆盖范围，接入社区平台进行网络化统一管理。网络音柱内置音频解码，部署简单，可单独控制。
- 智慧路灯。智慧路灯多功能合一，集照明控制、环境监测、Wifi共享、一键报警、视频监控、人流车流量监测、广播发布、Led屏显示等功能于一体。计讯物联智慧路灯专用网关+云平台，实现智慧路灯控制系统智能化管控，多级联动统一管理。

2. 数字生活场景

智慧社区支持的数字生活场景包括：

- 在线缴费。实现便捷高效的缴费场景。
- 社区在线教育。随着在疫情时期，为了兼顾防疫与教育需求，在线教育应运而生。教育内容满足共性与个性要求，并通过多种形式对社区开展在线教育。这种不接触式学习确保了继续教育、业务培训不断档和点检教育不断线。
- 广告信息发布。建立智慧安防小区平台信息发布管理系统，支持信息发布、自定义播报、紧急播报、权限控制、远程控制等功能。信息推送用户端包括室外广告可视化屏幕、微信公众号、服务移动端、智慧入户屏幕系统等。
- 便民服务。包括社区小店、邻里圈、社区招聘、法律咨询等。
- 呼叫中心。与物业管理中心、紧急联系人、网格员、民警、110、120、定制服务管家、报事报修等连接；可以进行受理登记、知识库查询、工单派遣、工单跟进、工单评价等操作。
- 在线业委会。建立在社区自治服务平台之上的在线议事平台，力求用协商民主的手段解决居民的各类提议和诉求。
- 智慧养老。支持一键呼叫、实时定位、上报轨迹、上报实时监控画面等功能。

3. 智慧社区绿色低碳场景

智慧社区可支持的绿色低碳场景包括：

- 智慧能耗。远程抄表计量系统取消传统的上门收费及IC卡计量收费方式，改用远程智能控制，使住户的水、电、气、热表的计量更加准确、方便、快捷，便于集中管理。

- 智慧照明。以社区、小区、区域分组，采用GIS技术并结合以策略为核心的新型照明管理模式，利用智能物联网技术来降低管理成本，节约资金投入，大力提升节能效益。

- 环境监测。城市绿色生态的保护需依托科学的监测手段来进行辅助管理。生态环境是人类生存、生产与生活的基本条件。长期以来，党和政府十分重视生态建设与环境保护，并将它作为一项基本国策。环境监测是科学管理环境和环境执法监督的基础，是环境保护必不可少的基础性工作。环境监测的核心目标是提供环境质量现状及变化趋势的数据，判断环境质量，评价当前主要环境问题，为环境管理服务。

- 垃圾分类。城市生活垃圾得不到及时清理就会污染环境进而导致空气污染严重，然而，城市垃圾桶数量较多，分布较广，状态很难汇集。智慧垃圾桶管理系统通过垃圾桶满溢监测传感器监测各个垃圾桶中垃圾满溢程度及垃圾桶是否倾斜，根据设定阈值上报信息至智能云平台，并经大数据分析计算规划回收处理的最佳路径。工作人员借助系统规划的路径，可以在更短的时间回收更多的垃圾，大幅度减少因垃圾堆积不能及时处理而造成的环境污染现象，创造文明卫生的城市环境。

- 共享充电。支持地图定位预约插座、扫码充电智能识别功率、实时监控异常上报、短信提醒等功能。

15.4 探索开放式智慧社区运营模式

民政部、中央政法委等9部门联合发布的《关于深入推进智慧社区建设的意见》指出，要探索智慧社区建设市场化运营模式，创新智慧社区建设投融资机制，通过政府购买服务或合作开发等方式，支持各类市场主体承接智慧社区建设项目运营，推进创新迭代。

智慧社区可以采用以下5种典型的运营模式：

- BOT模式。由企业进行投资、建设和维护，政府与企业签订特许权协议，特许期内企业负责经营、运维和建设，回收投资并赚取利润，并接受政府监管，特许期满后，企业将项目有偿或无偿转移给政府部门。

- BOO模式。由企业进行投资、建设和维护，政府与企业签订特许权协议，企业拥有占有权和收益权，负责建设、运维、保养，企业可特定经营建设内容，回收投资及赚取利润。

- BT模式，政府通过特许协议引入投资方资金，进行项目建设，项目建设完成后按照有关权利协议，政府赎回或分期偿还项目资金。

- TOT模式，由政府出资进行建设，有偿转让给投资单位进行运维管理；企业可特定经营建设内容，回收投资及赚取利润；在特许期内，企业接受政府监管，特许期满后，企业将项目有偿或无偿转移给政府部门。

- PPP模式，政府通过特许新建项目公司，提供扶持措施，项目公司进行项目融资与建设；项目建成后，由政府特许企业进行项目的开发和经营运营。

第 16 章

智慧城市排水设施监测预警系统

实践要点： 排水设施是智慧城市整体建设的一个子集，也是很好的数字空间建设的切入点，智慧城市排水设施监测预警数字空间体系如图16-1所示。通过将管网、水位、雨量、水质等数据整合到统一的全局数据库，再通过物联网集成支撑、BIM模型支撑、数据集成支撑、智能算法支撑等模块，形成数据资源平台的整体支撑，最后建立排水设施管理、工程档案管理、污水处理监管等稳态数字应用，以及水质分析、防洪分析、巡检养护、情况上报等敏态数字应用。

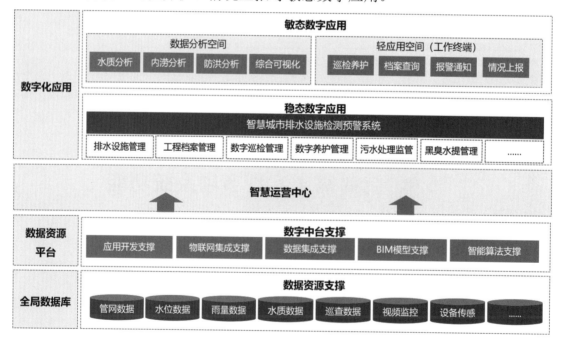

图 16-1　智慧城市排水设施监测预警数字空间体系

伴随着我国城镇化的快速发展和城市规模的不断扩大，城市内涝、水环境污染等城市水环境安全问题已成为我国城镇在经济发展过程中普遍遇到的严峻问题，特别是在我国南方城市中尤为突出。城市排水系统是城市雨水和污水排放的主要载体，其管理方式和病害情况是诱发城市内涝和水环境污染等城市水安全问题的直接因素。城市排水系统主要指城市居民生活污水、工业废水、降雨径流（含雨、雪水）和其他废弃水的收集、输送、净化、利用和排放设施。城市排水系统被称为"城市生命线系统"之一，是衡量城市现代化水平的重要标志，是保证城市生活正常运转最重要的基础设施之一，其任何环节滞后或失灵都可能导致整个排水系统的瘫痪。

高度城镇化的城市地区，仅依靠工程措施来解决内涝和水环境污染等水安全问题的难度较大。建立"智慧城市排水监测预警系统"，可以形成科学有效的排水管网管理模式和技术体系，支撑城市对排水管网进行科学有效的管理，同时排水管网监测预警系统是"智慧城市"建设的一部分。通过系统平台，行业主管部门能够第一时间掌握道路是否积水、排水是否正常、管道是否堵塞等情况，对城市排水管网的管理起到积极的作用。在一定程度上，应用排水管网监测预警系统可减少险情的发生，避免人民财产损失。

某省建筑科学研究院集团股份有限公司基于《关于印发城镇生活污水处理设施补短板强弱项实施方案的通知》《城镇污水处理三年提质增效行动方案》和市场用户对排水系统的管理需求，总结多年水务客户服务经验，推出协助排水提质增效管理的支撑产品：智慧城市排水监测预警系统。

16.1　针对需求实现多项系统功能

本系统针对城市排水设施监测预警的特定需求，实现了多项系统功能，构建监测一张网，如图16-2所示。

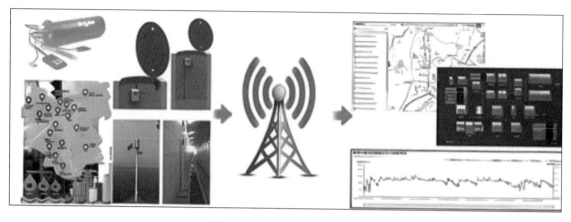

图 16-2 构建监测一张网

本系统功能具体说明如下。

1. "排水户－管网－排口"数字化排查

通过数字化排查过程将外业数据采集与内业数据处理相互结合，实现数据采集、检查、成图、结表、入库一步到位，优化工序流程，提高排查时效性。

2. 排水管网信息化管理与数据挖掘

针对排水管网碎片化排查成果，应用GIS的技术手段，对管网排查和管网监测进行电子化管理和数据挖掘，实现管网空间管线分析，分类管网拓扑问题，评估管网健康度，为排水管网改扩建和运营养管提供数据基础。

3. 排水设施存在问题分析诊断

整合已有排水单元数据、管网拓扑关系、排水系统运行等数据，依托专项分析诊断工具，提供运营养管过程中多种分析方法，诊断管网存在的问题，为排水系统提质增效提供科学决策依据。

4. 多元化数据采集覆盖排水监测系统

由设备仪表构建的监测环境结合人工采集的数字化接入与应用，实现对排水系统运行监测的全业务覆盖，为运营养管和应急管理提供准确可靠的决策依据。

5. 排水设施运维精细化管理

对巡查养护工作进行监管，对运维班组、计划排布、过程管理和绩效考核提供精细化管理，确保排水系统设施设备正常运行，为运营养管提供运行保障。

16.2　分层服务体现总体设计考量

智慧城市排水管网监测预警管理平台可对城市排水管网数据进行统一管理，实现对日常巡查、养护、防汛应急指挥的全流程精细化管理，为管网新建、改建、升级规划方案提供数据基础；提高排水管网系统管理水平，解决目前城市排水问题，减少未来城市内涝及水环境污染风险，保障居民日常生产与生活。城市排水管网监测预警系统总体架构由物联感知层、通信传输层、平台服务层、业务应用层组成。系统平台拓扑架构图如图16-3所示。

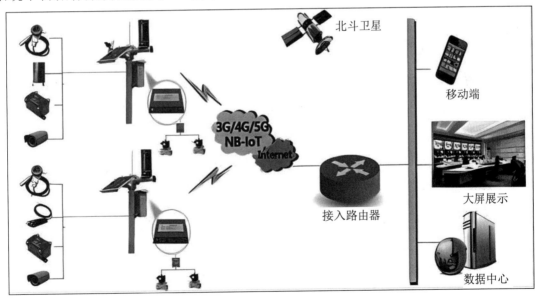

图 16-3　平台拓扑架构图

■　物联感知层：其功能为"感知"，位于物联网结构中的底层，即通过传感网络获取感知信息。感知层是物联网的核心，是信息采集的关键部分。

- 通信网络层：数据通信的核心，为数据传输的主要通道。网络层主要采用NB-IoT、4G、5G等通信网络。

- 平台服务层：由物联网设备管理平台组成，实现数据的汇集与管理，为管网监测平台及其他应用平台提供专业、便捷的数据接口服务。

- 业务应用层：由智慧管网监测预警平台或第三方业务管理平台组成，实现设备管理、报警信息管理、大数据分析、水力模拟分析、管网承载力分析、内涝区域分析等功能。

16.3　打造多维技术优势

1. 排水设施电子化管理，大数据挖掘应用

针对排水管网碎片化普查成果，应用GIS和计算机的技术手段，对管网普查和管网监测结果进行数据挖掘，分类管网拓扑问题，评估管网健康度，实现管网空间管线分析，为排水管网提质增效和运营管理提供数据基础。监测结果挖掘如图16-4所示。

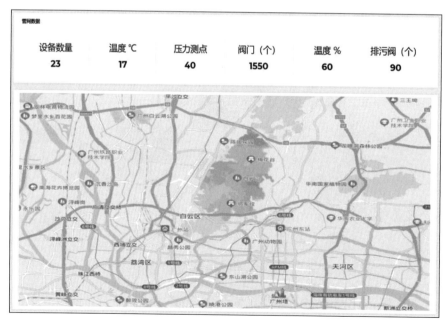

图 16-4　监测结果挖掘

2. 全方位分析诊断，评估排水系统健康状况

整合已有排水户污染源、管网拓扑关系、排水系统运行等数据，依托专项分析诊断工具，为用户提供运营养管过程中的多种分析方法，诊断管网存在的问题，为排水系统提质增效提供科学决策依据。专项分析诊断如图16-5所示。

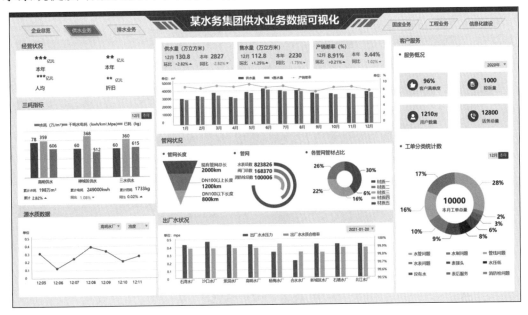

图 16-5　专项分析诊断

3. 排水设施GIS一张图管理，数字化排查排水设施

将外业数据采集与内业数据处理相结合，建立排水设施GIS一张图，通过将设施数据数字化处理，实现数据采集、检查、成图、建表、入库的一步到位，优化工序流程，提高普查时效性。

4. 多元化数据采集方案，覆盖排水系统全过程监测

由物联设备仪表构建的监测系统，耦合人工采集的数字化信息，实现对排水系统运行监测全业务覆盖，为运营养管提供准确可靠的运行数据。

5. 排水系统仿真分析，建立完备应急管理体系

基于信息平台数据及排水在线监测数据，利用水力模型，对排水系统进行仿真

模拟分析，如图16-6所示。建立"智慧排水"系统平台，构建全面的排水设施水量和水质在线监测系统，应用高光谱卫星遥感和AI识别技术，建设完备的内涝风险区域应急管理体系。

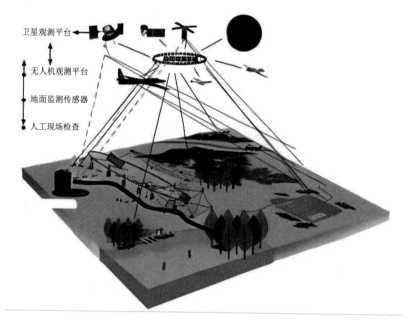

图 16-6　排水仿真

6. 内外业一体化，实现运维精细化管理

建立巡查养护工的监管体系，为运维班组、计划排布、过程管理和绩效考核提供精细化管理，确保排水系统设施和设备正常运行，为运营养管提供运行保障。

系统建成后，可实现多项城市治理价值：

（1）优化城市排水系统：建立城市排水数字化管理系统，优化城市排水系统设计，减少雨水地表径流和水环境污染，实现排水系统合理化、高效化布置。

（2）排水信息实时预警：将预测评估数据跟历史大数据特征值、警戒值进行分析比较，及时发现溢流和积水原因，提前做出预判，发出警告。

（3）降低城市水安全风险：实时监测溢流和积水信息，及时发布预警和风险通知，减少城市内涝和水污染带来的损失。

后　记

"社会主义是干出来的，幸福是奋斗出来的。"大江南北、国门内外，从创造"深圳速度"到打造"雄安第一标"，从坦桑铁路援建到埃及新首都CBD建设，建筑业以肩扛手抬为主要生产方式，发展到现在拥有大量国际领先水平的机械化施工设备，中国建造享誉世界。

无数的"高、特、精、尖"工程无不凸显了中国建筑业的建造能力和水平。然而，数字化转型带给中国建筑产业的是一次颠覆投资、融资、建设、企管、运营等全逻辑链条的全新机遇。以企业大脑重塑主动运营型的企业架构，以数字中台承载转型策略，以数字空间实现数据要素工程化并驱动智能建造是建筑行业数字化转型的必由之路。

智能建造的核心是激活行业内的数据要素流转。

如某建工集团一样，领先的建筑企业已经在新时代的起点抢跑，由物理空间通过数字孪生的方式复刻虚拟空间，打造企业全局数据库，加大数据资源平台建设力度，以数据中台的一体两面叠加企业运营的数字原生体系，建构企业数字空间，以数字空间驱动智能建造，以形成和巩固行业领先优势。

2021年，我国建筑智能化市场规模达到6500亿元，其中存量改造市场规模为3200亿元，新建建筑市场规模为3300亿元。在国家数字经济建设浪潮下，建筑智能化行业已经迎来重要的变革与重塑的机会，智能建造已成为智慧城市建设、新型城镇化建设任务的重点板块，是未来产业发展升级的必经之路。

我们相信，在不久的将来，装配式建筑、钢结构、预制件建筑、预制件等技术的应用，将提高行业整体的工业化水平，BIM+CIM+GIS将成为构建未来智慧城市的底层信息基础，以机器人代替人进行大量的现场施工为代表的智能建造将大行其道。

"安得广厦千万间，大庇天下寒士俱欢颜。"

建筑业的数字化未来，让我们携手开拓、共同成就。